高职高专工业机器人技术专业"十三五"规划教材

工业机器人
技术基础及实训

于 玲 主编

杜向军 吴海源 副主编

张 益 主审

化学工业出版社

·北京·

本教材主要介绍工业机器人的结构原理和特点、控制方法以及机器人的应用领域，实训部分重点介绍了机器人的重要部分机械手的实际应用及如何操作。本教材融合了机械技术、电工电子技术、传感器技术、接口技术、PLC控制技术等多种技术，其目的是使学生掌握工业机器人的基本控制原理和实验技能，培养学生分析问题与解决问题的能力。

　　本教材适合作为高职高专机电一体化专业、电气自动化专业、工业机器人技术专业等机电类相关专业的教材，也适合中职学校机电类相关专业学生学习。

图书在版编目（CIP）数据

　　工业机器人技术基础及实训/于玲主编．—北京：化学工业出版社，2018.8（2021.1重印）
　　ISBN 978-7-122-32321-7

　　Ⅰ.①工⋯　Ⅱ.①于⋯　Ⅲ.①工业机器人　Ⅳ.①TP242.2

　　中国版本图书馆CIP数据核字（2018）第115234号

责任编辑：刘　哲　　　　　　　　　　装帧设计：刘丽华
责任校对：边　涛

出版发行：化学工业出版社（北京市东城区青年湖南街13号　邮政编码100011）
印　　装：北京虎彩文化传播有限公司
787mm×1092mm　1/16　印张9¾　字数253千字　2021年1月北京第1版第3次印刷

购书咨询：010-64518888　　　　　　　售后服务：010-64518899
网　　址：http://www.cip.com.cn
凡购买本书，如有缺损质量问题，本社销售中心负责调换。

定　价：27.00元　　　　　　　　　　　　　　　　　　　　　版权所有　违者必究

前 言

随着科学技术的不断发展、新技术的不断采用、生产的专业化，工业机器人及机械手技术在工业生产中得到了广泛的应用。本教材主要介绍机器人的发展、结构原理和特点、控制方法及其应用，实训部分重点介绍了机器人的重要部分机械手的实际应用及如何操作。本教材充分利用机械技术、电工电子技术、传感器技术、接口技术、PLC 控制技术等多种技术，讲述了机器人的工作原理、机械结构、驱动系统和控制系统，其目的是使学生了解工业机器人的基本结构、基本控制原理和实验技能，培养学生分析问题与解决问题的能力，培养学生一定的动手能力，为进一步学习专业课以及毕业后从事专业工作打下必要的基础。

本教材分为两篇：第 1 篇主要介绍机器人的发展、结构原理和特点、控制方法以及机器人的应用领域；第 2 篇主要阐述机械手实训装置的基本结构、元器件使用、工作原理和工作过程。该课程力求采用开放式教学方法，使学生在学习理论的同时，增加工业现场使用技能。

本教材适合作为高职高专机电一体化专业、电气自动化专业、工业机器人专业等机电类相关专业的教材，也适合中职学校机电类专业学生学习。

全书由于玲任主编，杜向军、吴海源担任副主编。具体编写分工：第 1、2 章由天津轻工职业技术学院于玲、侯雪编写，第 3~5 章由恩智浦半导体公司杜向军编写，第 6、7 章由天煌科技实业有限公司吴海源编写，崔立鹏参与了第 3~5 章的编写。全书由于玲统稿，张益审稿。

由于编者水平所限，书中不足之处在所难免，恳请读者批评指正。

编者
2018 年 5 月

目录

第1篇 机器人应用技术基础篇

第1章 机器人应用技术概述 … 2

1.1 工业机器人的定义及工作环境 … 2
1.2 工业机器人基本组成及技术参数 … 3
1.3 工业机器人的分类及应用 … 6
1.4 机器人的工作原理 … 13
1.5 工业机器人的未来 … 15
练习与思考 … 17

第2章 机器人的机械结构 … 18

2.1 机器人的机身结构 … 18
2.2 机器人的臂部与腕部机构 … 20
2.3 机器人的手部机构 … 25
2.4 机器人的传动机构 … 29
2.5 机器人的行走机构 … 33
练习与思考 … 46

第3章 机器人的驱动系统 … 47

3.1 机器人驱动方式 … 47
3.2 机器人液压驱动系统 … 53
3.3 机器人气压驱动系统 … 59
3.4 机器人电气驱动系统 … 68
3.5 机器人驱动方式的对比 … 74
练习与思考 … 75

第4章 机器人的控制系统 … 76

4.1 机器人的控制系统概述 … 76

4.2 机器人控制系统的分类与组成 …… 78
4.3 机器人控制系统的结构与位置控制 …… 80
4.4 机器人的力控制 …… 89
4.5 机器人控制的示教再现 …… 94

第5章 工业机器人应用举例 101

5.1 工业机器人应用概述 …… 101
5.2 喷涂机器人 …… 103
5.3 焊接机器人 …… 105
5.4 装配机器人 …… 110
5.5 搬运机器人 …… 116
5.6 冲压机器人 …… 119
练习与思考 …… 120

第2篇 实训篇

第6章 实训理论 122

6.1 基本结构 …… 122
6.2 元器件基本原理与使用方法 …… 126

第7章 实操实例 139

7.1 直流电机控制正反转 …… 140
7.2 气动手爪来回旋转 …… 141
7.3 步进电机控制应用 …… 142
7.4 旋转编码器角度控制应用 …… 144
7.5 机械手上电回零操作 …… 144
7.6 机械手抓/放料控制操作 …… 145

参考文献 147

第1篇

机器人应用技术基础篇

第1章　机器人应用技术概述

第2章　机器人的机械结构

第3章　机器人的驱动系统

第4章　机器人的驱动系统

第5章　工业机器人的应用

第1章 机器人应用技术概述

学习目标

① 了解工业机器人的定义,以及机器人与环境的关系。
② 掌握工业机器人的组成和主要参数。
③ 了解工业机器人的应用和发展趋势。

1.1 工业机器人的定义及工作环境

1.1.1 工业机器人的定义及特点

机器人是一个在三维空间中具有较多自由度的,并能实现诸多拟人动作和功能的机器;而工业机器人(industrial robot)则是在工业生产中应用的机器人。图 1-1 表示一个搬运工业机器人正在进行搬运作业,它从许多零件中取出零件 A,把它搬到 B 处。

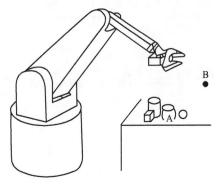

图 1-1 工业机器人抓零件 A 至 B 处

美国机器人工业协会(U.S. RIA)提出的工业机器人定义为:"工业机器人是用来进行搬运材料、零件、工具等可再编程的多功能机械手,或通过不同程序的调用来完成各种工作任务的特种装置。"

国际标准化组织(ISO)曾于 1987 年对工业机器人给出了定义:"工业机器人是一种具有自动控制的操作和移动功能,能够完成各种作业的可编程操作机。"ISO 8373 对工业机器人给出了更具体的解释:"机器人具备自动控制及可再编程、多用途功能,机器人操作机具有三个或三个以上的可编程轴,在工业自动化应用中,机器人的底座可固定也可移动。"

尽管复杂一些的数控机床也能把装载有工件的托盘移动到机床床身上,从而实现工件的搬运和定位,但是工业机器人通常在抓握、操纵、定位对象物时比传统的数控机床更灵巧,在诸多工业生产领域里具有更广泛的用途。

工业机器人最显著的特点如下。

(1) 可编程

生产自动化的进一步发展是柔性启动化。工业机器人可随其工作环境变化的需要而再编程,因此它在小批量、多品种、具有均衡高效率的柔性制造过程中能发挥很好的功用,是柔性制造系统(FMS)中的一个重要组成部分。

(2) 拟人化

工业机器人在机械结构上有类似人的行走、腰转、大臂、小臂、手腕、手爪等部分，在控制上有电脑。此外，智能化工业机器人还有许多类似人类的"生物传感器"，如皮肤型接触传感器、力传感器、负载传感器、视觉传感器、声觉传感器、语言功能等。传感器提高了工业机器人对周围环境的自适应能力。

(3) 通用性

除了专门设计的专用的工业机器人外，一般工业机器人在执行不同的作业任务时具有较好的通用性。比如，通过更换工业机器人手部末端操作器（手爪、工具等），便可执行不同的作业任务。

(4) 机电一体化

工业机器人技术涉及的学科相当广泛，但是归纳起来是机械学和微电子学的结合——机电一体化技术。第三代智能机器人不仅具有获取外部环境信息的各种传感器，而且还具有记忆能力、语言理解能力、图像识别能力、推理判断能力等人工智能，这些都和微电子技术的应用，特别是计算机技术的应用密切相关。因此，机器人技术的发展必将带动其他技术的发展，机器人技术的发展和应用水平也可以验证一个国家科学技术和工业技术的发展和水平。

1.1.2 工业机器人与环境交互

一个工业机器人所具备的功能在本质上是由其机械部分、传感部分、控制部分内部集成（internal integration）所决定的。但是，工业机器人的作业能力还决定于与外部环境的联系和配合，即工业机器人与环境的交互能力。工业机器人与外部环境的交互包括硬件环境和软件环境。

① 与硬件环境的交互主要是与外部设备的通信、工作域中障碍和自由空间的描述以及操作对象物的描述。

② 与软件环境的交互主要是与生产单元监控计算机所提供的管理信息系统的通信。

工业机器人不仅要与已知的定义了的外部环境进行交互，而且有可能面临变化的未知的外部环境。在这种情况下，工业机器人仅实现可编程控制是不够的。工业机器人被引导去完成任务时，在任何瞬时都要对实际参数信息与所要求的参数信息进行比较，对外部环境所发生的变化产生新的适应性指令，实现其正确的动作功能，这就是工业机器人的在线自适应能力。工业机器人与环境更高一层的交互是从外部环境中感知、学习、判断和推理，实现环境预测，并根据客观环境规划自己的行动，这就是自律型机器人和智能化机器人。

工业机器人与环境交互是机器人技术的关键。工业机器人在没有人工干预的情况下对外部环境的自我适应、行动的自我规划，将是今后机器人技术及其应用的研究方向。

1.2 工业机器人基本组成及技术参数

1.2.1 工业机器人的基本组成

如图 1-2 所示，工业机器人系统由三大部分六个子系统组成。三大部分是：机械部分、传感部分、控制部分。六个子系统是：驱动系统、机械结构系统、感受系统、机器人-环境交互系统、人-机交互系统、控制系统。下面将分述这六个子系统。

(1) 驱动系统

要使机器人运行起来，就需给各个关节即每个运动自由度安置传动装置，这就是驱动系统。驱动系统可以是液压传动、气动传动、电动传动，或者把它们结合起来应用的综合系统；可以直接驱动，或者通过同步带、链条、轮系、谐波齿轮等机械传动机构进行间接驱动。

（2）机械结构系统

工业机器人的机械结构系统由机身、手臂、末端操作器三大件组成，如图1-3所示。每一大件都有若干个自由度，构成一个多自由度的机械系统。若机身具备行走机构，便构成行走机器人；若机身不具备行走及腰转机构，则构成单机器人臂（single robot arm）。手臂一般由上臂、下臂和手腕组成。末端操作器是直接装在手腕上的一个重要部件，它可以是两手指或多手指的手爪，也可以是喷漆枪、焊具等作业工具。

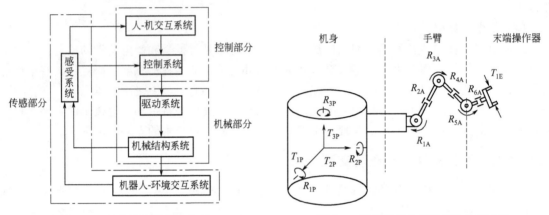

图1-2 工业机器人的基本组成　　　　图1-3 工业机器人机械结构的三大件

（3）感受系统

它由内部传感器模块和外部传感器模块组成，获取内部和外部环境状态中有意义的信息。智能传感器的使用提高了机器人的机动性、适应性和智能化的水准。人类的感受系统对感知外部世界信息是极其灵巧的。然而，对于一些特殊的信息，传感器比人类的感受系统更有效。

（4）机器人-环境交互系统

工业机器人-环境交互系统是实现工业机器人与外部环境中的设备相互联系和协调的系统。工业机器人与外部设备集成为一个功能单元，如加工制造单元、焊接单元/装配单元等。当然，也可以是多台机器人、多台机床或设备、多个零件存储装置等集成为一个去执行复杂任务的功能单元。

（5）人-机交互系统

人-机交互系统是使操作人员参与机器人控制、与机器人进行联系的装置，例如计算机的标准终端、指令控制台、信息显示板、危险信号报警器等，归纳起来为两大类：指令给定装置和信息显示装置。

（6）控制系统

控制系统的任务是根据机器人的作业指令程序以及从传感器反馈回来的信号，支配机器人的执行机构去完成规定的运动和功能。假如工业机器人不具备信息反馈特征，则为开环控制系统；若具备信息反馈特征，则为闭环控制系统。根据控制原理，可分为程序控制系统、适应性控制系统和人工智能控制系统。根据控制运动的形式，可分为点位控制和轨迹控制。

1.2.2 工业机器人技术参数

技术参数是各工业机器人制造商在产品供货时所提供的技术数据。尽管各厂商所提供的技术参数项目是不完全一样的,工业机器人的结构、用途等有所不同,且用户的要求也不同,但是,工业机器人的主要技术参数一般都应有自由度、重复定位精度、工作范围、最大工作速度、承载能力等。

(1) 自由度

自由度是指机器人所具有的独立坐标轴运动的数目,不应包括手爪(末端操作器)的开合自由度。在三维空间中描述一个物体的位置和姿态(简称位姿)需要6个自由度。但是,工业机器人的自由度是根据其用途而设计的,可能小于6个自由度,也可能大于6个自由度。例如,PUMA562机器人具有6个自由度,如图1-4所示,可以进行复杂空间曲面的弧焊作业。从运动学的观点看,在完成某一特定作业时具有多余自由度的机器人,就叫做冗余自由度机器人,也可简称为冗余度机器人。例如,PUMA562机器人去执行印刷电路板上接插电子器件的作业时就成为冗余度机器人。利用冗余的自由度,

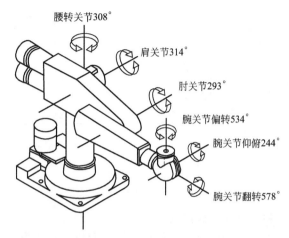

图1-4 PUMA562机器人

可以增加机器人的灵活性,躲避障碍物和改善动力性能。人的手臂(大臂、小臂、手腕)共有7个自由度,所以工作起来很灵巧,手部可回避障碍物,从不同方向到达同一个目的点。

(2) 重复定位精度

工业机器人精度是指定位精度和重复定位精度。定位精度是指机器人手部实际到达位置与目标位置之间的差异。重复定位精度是指机器人重复定位其手部于同一目标位置的能力,可以用标准偏差这个统计量来表示,它衡量一系列误差值的密集度,即重复度,如图1-5所示。

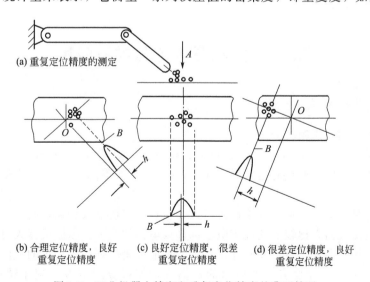

图1-5 工业机器人精度和重复定位精度的典型情况

(3) 工作范围

工作范围是指机器人手臂末端或手腕中心所能到达的所有点的集合,也叫做工作区域。因

为末端操作器的形状和尺寸是多种多样的,为了真实反映机器人的特征参数,所以是指不安装末端操作器时的工作区域。工作范围的形状和大小是十分重要的,机器人在执行某作业时可能会因为存在手部不能到达的作业死区(deadzone)而不能完成任务。图1-6和图1-7所示分别为PUMA机器人和A4020机器人的工作范围。

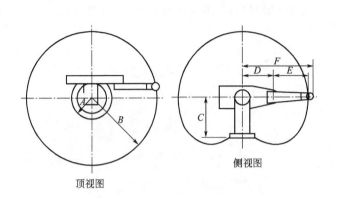 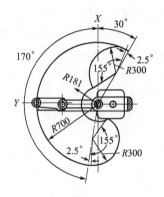

图1-6　PUMA机器人工作范围　　　　图1-7　A4020装配机器人工作范围

(4) 最大工作速度

最大工作速度,有的厂家指工业机器人主要自由度上最大的稳定速度,有的厂家指手臂末端最大的合成速度,通常都在技术参数中加以说明。很明显,工作速度越高,工作效率越高。但是,工作速度越高,就要花费更多的时间去升速或降速,或者对工业机器人的最大加速度率或最大减速度率的要求更高。

(5) 承载能力

承载能力是指机器人在工作范围内的任何位置上所能承受的最大质量。承载能力不仅决定于负载的质量,而且还与机器人运行的速度和加速度的大小和方向有关。为了安全起见,承载能力这一技术指标是指高速运行时的承载能力。通常,承载能力不仅指负载,而且还包括机器人末端操作器的质量。

1.3　工业机器人的分类及应用

1.3.1　工业机器人的分类

(1) 按机器人的应用领域分类

① 工业机器人　工业机器人(industrial robot)是在工业生产中使用的机器人的总称,主要用于完成工业生产中的某些作业。依据具体应用目的的不同,工业机器人常以其主要用途命名。

焊接机器人是目前应用最多的工业机器人,包括点焊机器人和弧焊机器人,用于实现自动化焊接作业。装配机器人比较多地用于电子部件或电器的装配。喷涂机器人可以代替人进行各种喷涂作业。搬运、上料、下料及码垛机器人的功能都是根据工况要求的速度和精度,将物品从一处运到另一处。还有很多其他用途的机器人,如将金属溶液浇到压铸机中的浇注机器人等。

工业机器人的优点在于它可以通过更改程序,方便、迅速地改变工作内容或方式,以满足生产要求的变化,如改变焊缝轨迹及喷涂位置,变更装配部件或位置等。随着工业生产线越来越高的柔性要求，对各种工业机器人的需求也越来越广泛。

② 操纵型机器人　操纵型机器人（teleoperator robot）主要用于非工业生产的各种作业，又可分为服务机器人与特种作业机器人。

服务机器人通常是可移动的，在多数情况下，可由一个移动平台构成，平台上装有一只或几只手臂，代替或协助人完成为人类提供服务和安全保障的各种工作，如清洁、护理、娱乐和执勤等。

(2) 按机器人的驱动方式分类

① 气动式机器人　气动式机器人以压缩空气来驱动其执行机构。这种驱动方式的优点是空气来源方便，动作迅速，结构简单，造价低；缺点是空气具有可压缩性，致使工作速度的稳定性较差。因气源压力一般只有60MPa左右，故此类机器人适宜对抓举力要求较小的场合。

② 液动式机器人　相对于气力驱动，液力驱动的机器人具有大得多的抓举能力，抓举质量可高达上百千克。液动式机器人结构紧凑，传动平稳且动作灵敏，但对密封的要求较高，且不宜在高温或低温的场合工作，要求的制造精度较高，成本较高。

③ 电动式机器人　目前越来越多的机器人采用电力驱动式，这不仅是因为电动机可供选择的品种众多，更因为可以运用多种灵活的控制方法。

电力驱动是利用各种电动机产生的力或力矩，直接或经过减速机构驱动机器人，以获得所需的位置、速度、加速度。电力驱动具有无污染、易于控制、运动精度高、成本低、驱动效率高等优点，其应用最为广泛。

电力驱动又可分为步进电动机驱动、直流伺服电动机驱动、无刷伺服电动机驱动等。

④ 新型驱动方式机器人　随着机器人技术的发展，出现了利用新的工作原理制造的新型驱动器，如静电驱动器、压电驱动器、形状记忆合金驱动器、人工肌肉及光驱动器等。

(3) 按机器人的智能方式分类

① 按机器人的智能方式分类　一般型机器人是第一代机器人，又称为示教-再现型机器人，主要指只能以示教-再现方式工作的工业机器人。示教内容为机器人操作结构的空间轨迹、作业条件和作业顺序等。示教指由人教机器人运动的轨迹、停留点位、停留时间等。然后，机器人依照教给的行为、顺序和速度重复运动，即所谓的再现。

示教可由操作员手把手地进行。例如，操作人员抓住机器人上的喷枪把喷涂时要走的位置走一遍，机器人记住了这一连串运动，工作时自动重复这些运动，从而完成给定位置的喷涂工作。现在比较普遍的示教方式是通过控制面板完成的。操作人员利用控制面板上的开关或键盘控制机器人一步一步地运动，机器人自动记录下每一步，然后重复。目前在工业现场应用的机器人大多采用这一方式。

② 传感机器人　传感机器人是第二代机器人，又称为感觉机器人，它带有一些可感知环境的传感器，对外界环境有一定感知能力。工作时，根据感觉器官（传感器）获得的信息，通过反馈控制，使机器人能在一定程度上灵活调整自己的工作状态，保证在适应环境的情况下完成工作。

这样的技术现在正越来越多地应用在机器人身上。例如焊缝跟踪技术，在机器人焊接的过程中，一般通过示教方式给出机器人的运动曲线，机器人携带焊枪走这个曲线进行焊接。这就要求工件的一致性好，也就是说工件被焊接的位置必须十分准确，否则，机器人行走的曲线和工件上的实际焊缝位置将产生偏差。焊缝跟踪技术是在机器人上加一个传感器，通过传感器感知焊缝的位置，再通过反馈控制，机器人自动跟踪焊缝，从而对示教的位置进行修正。即使实际焊缝相对于原始设定的位置有变化，机器人仍然可以很好地完成焊接工作。

③ 智能机器人　智能机器人是第三代机器人，它不仅具有感觉能力，还具有独立判断和

行动的能力，并具有记忆、推理和决策的能力，因而能够完成更加复杂的动作。智能机器人的"智能"特征就在于它具有与外部世界（对象、环境和人）相适应、相协调的工作机能。从控制方式看，智能机器人是以一种"认知-适应"的方式自律地进行操作。

这类机器人带有多种传感器，使机器人可以知道其自身的状态，如在什么位置、自身的系统是否有故障等。这类机器人可通过装在机器人身上或工作环境中的传感器感知外部的状态，如发现道路与危险地段，测出与协作机器的相对位置与距离以及相互作用的力等。机器人能够根据得到的这些信息进行逻辑推理、判断、决策，在变化的内部状态与外部环境中自主决定自身的行为。

这类机器人具有高度的适应性和自治能力，这是人们努力使机器人达到的目标。经过科学家多年来不懈的研究，已经出现了很多各具特点的试验装置和大量的新方法、新思想。但是，在已应用的机器人中，机器人的自适应技术仍十分有限，该技术是机器人今后发展的方向。

智能机器人的发展方向大致有两种：一种是类人形智能机器人，这是人类梦想的机器人；另一种外形并不像人，但具有机器智能。

(4) 按机器人的控制方式分类

① 非伺服机器人　非伺服机器人按照预先编好的程序顺序进行工作，使用限位开关、制动器、插销板和定序器来控制机器人的运动。插销板用来预先规定机器人的工作顺序，且往往是可调的。定序器按照预定的正确顺序接通驱动装置的动力源。驱动装置接通动力源后，带动机器人的手臂、腕部和手部等装置运动。

当它们移动到由限位开关所规定的位置时，限位开关切换工作状态，给定序器送去一个工作任务已经完成的信号，并使终端制动器动作，切断驱动能源，使机器人停止运动。非伺服机器人工作能力比较有限。

② 伺服控制机器人　伺服控制机器人把通过传感器取得的反馈信号与来自给定装置的综合信号比较后，得到误差信号，经过放大后用于激发机器人的驱动装置，进而带动手部执行装置以一定规律运动，到达规定的位置或速度等，这是一个反馈控制系统。伺服系统的被控量可以是机器人手部执行装置的位置、速度、加速度和力等。伺服控制机器人比非伺服机器人有更强的工作能力。

伺服控制机器人按照控制的空间位置不同，又可以分为点位伺服控制机器人和连续轨迹伺服控制机器人。

a. 点位伺服控制机器人　点位伺服控制机器人的受控运动方式为从一个点位目标移向另一个点位目标，只在目标点上完成操作。机器人可以以最快和最直接的路径从一个端点移到另一个端点。

按点位方式进行控制的机器人的运动为空间点到点之间的直线运动，在作业过程中只控制几个特定工作点的位置，不对点与点之间的运动过程进行控制。在点位伺服控制机器人中，所能控制点数的多少取决于控制系统的复杂程度。

通常，点位伺服控制机器人适用于只需要确定终端位置而对编程点之间的路径和速度不做主要考虑的场合。点位控制主要用于点焊、搬运机器人。

b. 连续轨迹伺服控制机器人　连续轨迹伺服控制机器人能够平滑地跟随某个规定的路径，其轨迹往往是某条不在预编程端点停留的曲线路径。

按连续轨迹方式进行控制的机器人的运动轨迹可以是空间的任意连续曲线。机器人在空间的整个运动过程都可以进行控制，能同时控制两个以上的运动轴，使手部位置可沿任意形状的空间曲线运动，而手部的姿态也可以通过腕关节的运动得以控制，这对于焊接和喷涂作业是十分有利的。

连续轨迹伺服控制机器人具有良好的控制和运行特性。由于数据是依时间采样,而不是依预先规定的空间采样,因此,机器人的运行速度较快、功率较小、负载能力也较小。连续轨迹伺服控制机器人主要用于弧焊、喷涂、打飞边毛刺和检测机器人等。

(5) 按机器人的坐标系统分类

机器人按结构形式可分为关节型机器人和非关节型机器人两大类,其中关节型机器人的机械本体部分一般为由若干关节与连杆串联组成的开式链机构。

① 直角坐标型机器人 直角坐标型机器人如图 1-8(a) 所示,它在 x、y、z 轴上的运动是独立的。机器人手臂的运动将形成一个立方体表面。直角坐标型机器人又称为笛卡儿坐标型机器人或台架型机器人。

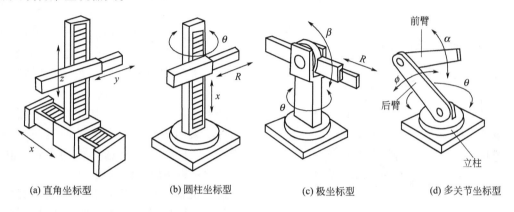

(a) 直角坐标型　　(b) 圆柱坐标型　　(c) 极坐标型　　(d) 多关节坐标型

图 1-8　不同坐标结构的机器人

直角坐标型机器人手部空间位置的改变,通过沿 3 个互相垂直的轴线的移动来实现,即沿着 x 轴的纵向移动、沿着 y 轴的横向移动及沿着 z 轴的升降移动。

直角坐标型机器人的位置精度高,控制简单,无耦合,避障性好,但结构庞大,动作范围小,灵活性差,难与其他机器人协调。DENSO 公司的 XYC 机器人、IBM 公司的 RS-1 机器人是该类型机器人的典型代表。

② 圆柱坐标型机器人 圆柱坐标型机器人如图 1-8(b) 所示,R、θ 和 x 为坐标系的 3 个坐标。其中,R 是手臂的径向长度,θ 是手臂的角位置,x 是垂直方向上手臂的位置。如果机器人手臂的径向坐标尺保持不变,那么机器人手臂的运动将形成一个圆柱面。

这种机器人通过两个移动和一个转动运动实现手部空间位置的改变,机器人手臂的运动是由垂直立柱平面内的伸缩、沿立柱的升降、手臂绕立柱的转动复合而成的。圆柱坐标型机器人的位置精度仅次于直角坐标型,控制简单,避障性好,但结构也较庞大,难与其他机器人协调工作,两个移动轴的设计较复杂。AMF 公司的 Versatran 机器人是该类型机器人的典型代表。

③ 极坐标型机器人 极坐标型机器人如图 1-8(c) 所示,其又称为球坐标型机器人,R、θ 和 β 为坐标系的 3 个坐标。其中,θ 是绕手臂支撑底座铅垂轴的转动角,β 是手臂在铅垂面内的摆动角。这种机器人运动所形成的轨迹表面是半球面。

这类机器人手臂的运动由一个直线运动和两个转动所组成,即沿手臂方向 x 的伸缩,绕 y 轴的俯仰和绕 z 轴的回转。极坐标型机器人占地面积较小,结构紧凑,位置精度尚可,能与其他机器人协调工作,重量较轻,但避障性差,有平衡问题,其位置误差与臂长有关。Unimation 公司的 Unimate 机器人是其典型代表。

④ 多关节坐标型机器人 多关节坐标型机器人主要由立柱、前臂和后臂组成,如图 1-8(d) 所示,它是以相邻运动部件之间的相对角位移 θ、α 和 ϕ 为坐标系的坐标。其中,θ 是绕

底座铅垂轴的转角，ϕ 是过底座的水平线与第一臂之间的夹角，α 是第二臂相对于第一臂的转角。这种机器人手臂可以到达球形体积内的绝大部分位置，所能到达区域的形状取决于两个臂的长度比例，因此又称为拟人型机器人。

这类机器人的运动由前、后臂的俯仰及立柱的回转构成，其结构最紧凑，灵活性大，占地面积最小，工作空间最大，能与其他机器人协调工作，避障性好，但位置精度较低，有平衡问题，控制存在耦合，故比较复杂，这种机器人目前应用得最多。

Unimation 公司的 PUMA 型机器人、瑞士 ABB 公司的 IRB 型机器人、德国 KUKA 公司的 IR 型机器人是该类型机器人的典型代表。

⑤ 平面关节坐标型机器人　平面关节坐标型机器人可以看成多关节坐标型机器人的特例。平面关节坐标型机器人类似于人的手臂的运动，它用平行的肩关节和肘关节实现水平运动，关节轴线共面；用腕关节实现垂直运动，在平面内进行定位和定向，是一种固定式的工业机器人，如图 1-9 所示。

这类机器人的特点为其在 x-y 平面上的运动有较大的柔性，而沿 z 轴的运动有很强的刚性。因此，它具有选择性的柔性，在装配作业中获得了较好的应用。

这类机器人结构轻便、响应快，有的平面关节坐标型机器人的运动速度可达 10m/s，比一般的多关节坐标型机器人快数倍。它能实现平面运动，全臂在垂直方向的刚度大，在水平方向的柔性大。

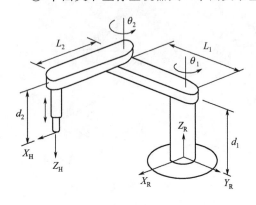

图 1-9　平面关节坐标型机器人

德国 KUKA 公司的 KR-5 系列 SCARA 机器人、日本日立公司的 SCARA 机器人、深圳众为兴的 SCARA 机器人是该类型机器人典型代表。

⑥ 不同坐标型机器人的性能比较

a. 直角坐标型机器人的性能　在直线方向上移动，运动容易想象；通过计算机控制实现，容易达到高精度；占地面积大，运动速度低；直线驱动部分难以密封、防尘，容易被污染。见图 1-10。

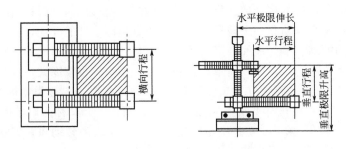

图 1-10　直角坐标型机器人的工作空间

b. 圆柱坐标型机器人的性能　运动容易想象和计算，直线部分可采用液压驱动，可输出较大的动力；能够伸入型腔式机器内部，它的手臂可以到达的空间受到限制，不能到达近立柱或近地面的空间；直线驱动部分难以密封、防尘；后臂工作时，手臂后端会碰到工作范围内的其他物体。见图 1-11。

c. 极坐标型机器人的性能　中心支架附近的工作范围大，两个转动驱动装置容易密封，覆盖工

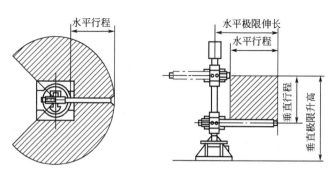

图 1-11　圆柱坐标型机器人的工作空间

作空间较大；坐标复杂，难于控制；直线驱动装置仍存在密封及工作死区的问题。见图 1-12。

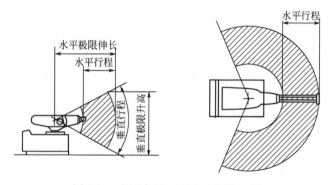

图 1-12　极坐标型机器人的工作空间

d. 多关节坐标型机器人的性能　关节全都是旋转的，类似于人的手臂，是工业机器人中最常见的结构；它的工作范围较为复杂。见图 1-13。

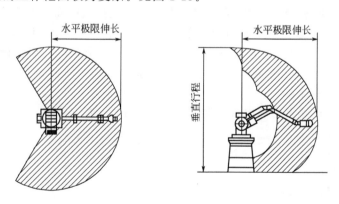

图 1-13　多关节坐标型机器人的工作空间

e. 平面关节坐标型机器人的性能　前两个关节（肩关节和肘关节）都是平面旋转的，最后一个关节（腕关节）是工业机器人中最常见的结构；它的工作范围较为复杂。见图 1-14。

1.3.2　工业机器人的应用领域及优点

（1）工业机器人的应用领域

工业机器人的应用领域很宽。比如：工业机器人在农业上应用，用机器人进行水果和棉花的收摘、农产品和肥料的搬运储藏、施肥和农药喷洒等，已经把农业看成是一种特种工业

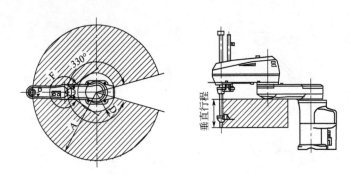

图1-14 平面关节坐标型机器人的工作空间

(agriculture industry); 工业机器人在医疗领域上也有很多应用。

目前，工业机器人的应用领域主要在以下三个方面：恶劣工作环境，危险工作场合；特殊作业场合，这个领域对人来说是力所不能及的，只有机器人才能去进行作业的情况；自动化生产领域。

① 焊接机器人　汽车制造厂已广泛应用焊接机器人进行承重大梁和车身结构的焊接。弧焊机器人需要6个自由度，3个自由度用来控制焊具跟随焊缝的空间轨迹，另3个自由度保持焊具与工件表面有正确的姿态关系，这样才能保证良好的焊缝质量。点焊机器人能保证复杂空间结构件上焊接点位置和数量的正确性，而人工作业往往在诸多的焊点中会遗漏。

② 材料搬运机器人　材料搬运机器人可用来上下料、码垛、卸货以及抓取零件重新定向。

③ 检测机器人　零件制造过程中的检测以及成品检测都是保证产品质量的关键问题。它主要有两个工作内容：确认零件尺寸是否在允许的公差内；零件质量控制上的分类。

④ 装配机器人　装配是一个比较复杂的作业过程，不仅要检测装配作业过程中的误差，而且要试图纠正这种误差。因此，装配机器人应用了许多传感器，如接触传感器、视觉传感器、接近觉传感器、听觉传感器等。听觉传感器用来判断压入件或滑入件是否到位。

⑤ 喷漆和喷涂　一般在三维表面作业至少要5个自由度。由于可燃环境的存在，驱动装置必须防燃防爆。在大件上作业时，往往把机器人装在一个导轨上，以便行走。

⑥ 其他诸如密封和粘接、清砂和抛光、熔模铸造和压铸、锻造等也有广泛的应用。

(2) 工业机器人的优点

综上所述，工业机器人的应用给人类带来了许多好处，如：

① 减少劳动力费用；

② 提高生产率；

③ 改进产品质量；

④ 增加制造过程的柔性；

⑤ 减少材料浪费；

⑥ 控制和加快库存的周转；

⑦ 降低生产成本；

⑧ 消除了危险和恶劣的劳动岗位。

我国工业机器人的应用前景是十分宽广的。

① 发展经济型机器人。企业可望尽早取得投资效益。

② 发展特种机器人。在一些人力无法工作的领域里用机器人去干，市场潜力大。

③ 走企业技术改造道路。用机器人技术和其他高新技术去改造旧企业，促进机器人技术自身的发展和应用。

1.4 机器人的工作原理

1.4.1 机器人的结构

(1) 机械手总成

机械手总成是机器人的执行机构，它由驱动器、传动机构、手臂、末端执行器及内部传感器等组成。它的任务是精确地保证末端执行器所要求的位置、姿态，并实现其运动。

(2) 控制器

控制器是机器人的神经中枢。它由计算机硬件、软件和一些专用电路构成。其软件包括控制器系统软件、机器人专用语言、机器人运动学和动力学软件、机器人控制软件、机器人自诊断和自保护功能软件等，它处理机器人工作过程中的全部信息和控制其全部动作。

(3) 示教系统

示教系统是机器人与人的交互接口，在示教过程中它将控制机器人的全部动作，并将其全部信息送入控制器的存储器中。示教系统实质上是一个专用的智能终端。

1.4.2 工业机器人的工作原理

现在广泛应用的工业机器人都属于第一代机器人，它的基本工作原理是示教-再现。

示教也称为导引，即由用户引导机器人一步步将实际任务操作一遍，机器人在引导过程中自动记忆示教的每个动作的位置、姿态、运动参数、工艺参数等，并自动生成一个连续执行全部操作的程序。完成示教后，只需给机器人一个启动命令，机器人将精确地按示教动作一步步完成全部操作，这就是示教与再现。

(1) 机器人机械臂的运动

机器人的机械臂是由数个刚性杆体和旋转或移动的关节连接而成的。它是一个开环关节链，一端固接在基座上，另一端是自由的，安装着末端执行器（如焊枪）。在机器人工作时，机器人机械臂前端的末端执行器必须与被加工工件处于相适应的位置和姿态，而这些位置和姿态是由若干个臂关节的运动所合成的。因此，在机器人运动控制中，必须知道机械臂各关节变量空间和末端执行器的位置与姿态之间的关系，这就是机器人运动学模型。一台机器人机械臂的几何结构确定后，其运动学模型即可确定，这是机器人运动控制的基础。

(2) 机器人的轨迹规划

机器人机械手端部从起点的位置与姿态到终点的位置和姿态的运动轨迹空间曲线，称为路径。

轨迹规划的任务是用一种函数来"内插"或"逼近"给定的路径，并沿时间轴产生一系列控制设定点，用于控制机械手运动。目前常用的轨迹规划方法有空间关节插值法和笛卡儿空间规划法两种。

(3) 机器人机械手的控制

当一台机器人机械手的动态运动方程已给定，它的控制目的就是按预定性能要求，保持机械手的动态响应。但是由于机器人机械手的惯性力、耦合反应力和重力负载都随运动空间的变化而变化，因此要对它进行高精度、高速度、高动态品质的控制是相当复杂而困难的。

目前工业机器人上采用的控制方法，是把机械手上每一个关节都当作一个单独的伺服机构，即把一个非线性的、关节间耦合的变负载系统，简化为线性的非耦合单独系统。

1.4.3 机器人的应用技术

(1) 机器人应用涉及的领域

机器人技术是集机械工程学、计算机科学、控制工程、电子技术、传感器技术、人工智能、仿生学等学科为一体的综合技术,是多学科科技革命的必然结果。每一台机器人都是一个知识密集和技术密集的高科技机电一体化产品,如图1-15所示。

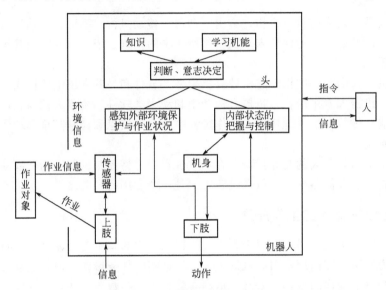

图1-15 机器人应用涉及的领域

① 传感器技术 得到与人类感觉机能相似的传感器技术。
② 人工智能计算机科学 得到与人类智能或控制机能相似能力的人工智能或计算机科学。
③ 假肢技术。
④ 工业机器人技术 把人类作业技能具体化的工业机器人技术。
⑤ 移动机械技术 实现动物行走机能的行走技术。
⑥ 生物功能 以实现生物机能为目的的生物学技术。

(2) 机器人应用研究的内容

① 空间机构学 空间机构在机器人中的应用,体现在机器人机身和臂部机构的设计、机器人手部机构的设计、机器人行走机构的设计和机器人关节部机构的设计上。

② 机器人运动学 机器人的执行机构实际上是一个多刚体系统,研究要涉及组成这一系统的各杆件之间及系统与对象之间的相互关系,需要一种有效的数学描述方法。

③ 机器人静力学 机器人与环境之间的接触会引起它们之间的相互作用力和力矩,而机器人的输入关节力矩由各个关节的驱动装置提供,并通过手臂传至手部,使力和力矩作用在环境的接触面上。这种力和力矩的输入、输出关系在机器人控制中是十分重要的。静力学主要讨论机器人手部端点力与驱动器输入力矩的关系。

④ 机器人运力学 机器人是一个复杂的动力学系统,要研究和控制这个系统,首先要建立它的动力学方程。动力学方程是指作用于机器人各机构的力或力矩与其位置、速度、加速度关系的方程式。

⑤ 机器人控制技术 机器人控制技术是在传统机械系统控制技术的基础上发展起来的,两者之间无根本区别。但机器人控制系统也有其特殊之处,它是有耦合的、非线性的、多变量

的控制系统,其负载、惯量、重心等都可能随时间变化,不仅要考虑运动学关系,还要考虑动力学因素,其模型为非线性而工作环境又是多变的,等等。机器人控制技术主要研究机器人控制方式和机器人控制策略。

⑥ 机器人传感器　一般人类具有视觉、听觉、触觉、味觉及嗅觉5种外部感觉,除此之外,机器人还有位置、角度、速度、姿态等表征机器人内部状态的内在感觉。机器人的感觉主要通过传感器来实现。

外部传感器为了对环境产生相适应的动作而取得环境信息;内部传感器根据指令进行动作,检测机器人各部件的状态。

⑦ 机器人编程语言　机器人编程语言是机器人和用户的软件接口,编程的功能决定了机器人的适应性和给用户的方便性。机器人编程与传统的计算机编程不同,机器人操作的对象是各类三维物体,其运动在一个复杂的空间环境,还要监视和处理传感器信息。因此,机器人编程语言主要有面向机器人的编程语言和面向任务的编程语言两类。面向机器人的编程语言的主要特点是可以描述机器人的动作序列,每一条语句大约相当于机器人的一个动作。面向任务的编程语言允许用户发出直接命令,以控制机器人去完成一个具体的任务,而不需要说明机器人需要采取的每一个动作的细节。

1.5　工业机器人的未来

1.5.1　工业机器人正处在发展阶段

从自动机到工业机器人是一个飞跃,从一般工业机器人到积极探索和开发具有智能和功能强大的工业机器人将又是一个飞跃。目前,工业机器人的开发正处在一个蓬勃发展的阶段,工业机器人的开发与制造正在形成一个庞大的产业,工业机器人产业仍在不断拓展,不断向新的领域进军。

机器人首先是被工厂所使用的。机器人在工厂出现后,许多脏活、累活都由机器人来干,受到了工人们的欢迎。工人们并不害怕机器人抢了自己的饭碗,如果机器人取代了他们现在的工作,他们可以从事对体力要求较低的工作,经过培训可以从事技术含量高的新职业或新工作。

工业机器人的优势是显而易见的,它比人更精确,而且能不知疲倦地工作,可以说,几乎每个有重复劳动的工厂都可以使用机器人。正在建造的所谓"无人工厂",所有的工作由先进的自动化设备和大量不知疲倦的工业机器人来承担,由计算机来控制。随着科学技术的不断发展,工业机器人已成为柔性制造系统(FMS)、自动化工厂(FA)、计算机集成制造系统(CIMS)的自动化工具。

我国工业机器人技术的研究起步于20世纪70年代,90年代进入实用化阶段。90年代中期,国家已选择以焊接机器人的工程应用为重点进行开发研究,从而迅速掌握了焊接机器人应用工程的成套开发技术、关键设备制造、工程配套、现场运行等技术。目前,已有5000台左右的焊接机器人分布于我国大陆地区各大、中等城市的汽车、摩托车、工程机械等制造业,其中55%左右为弧焊机器人,45%左右为点焊机器人,已建成的机器人焊接柔性生产线15条,机器人焊接工作站3000个。

1.5.2　从"机器奴隶"到"工作伙伴"

人们对工业机器人的认识已经从"机器奴隶"转变为"工作伙伴"。随着机器人智能化的不断发展,工业界出现了非常先进的工业机器人,表现出非凡的工作品质,不但成为具有独立个性的机敏的"操作员"和"工人",而且正在变成人类聪明的"工作伙伴"。

在先进的由计算机集成控制的制造工厂里,物料的搬运已经由无人运输小车来完成,这种无人运输小车通常叫做自动导向运输车(AGV)。比如在汽车制造工厂里,自动导向运输车静静地沿着水泥地面下的电磁导引线,将发动机从一个区域运到另一个区域。但是这种自动导向运输车的机动性是有限的。因为它具有精确的定位系统,已经能够实现在高难度环境下寻找合适的路径进行停泊和作业,所以在机器人市场上将有良好的应用前景。

1.5.3　工业机器人的智能化

工业机器人的智能化是指机器人具有感觉、知觉等,即有很强的检测功能和判断功能。为此,必须开发类似人类感觉器官的传感器,如触觉传感器、视觉传感器、测距传感器等,并发展多传感器信息融合技术,通过各种传感器得到关于工作对象和外部环境的信息,以及信息库中存储的数据、经验、规划的资料,以完成模式识别,用专家系统等智能系统进行问题的求解和动作的规划。对"聪明"的工业机器人,首先是提高产品的质量(这也是最重要的),其次是大大降低成本。比如,具有视觉系统的喷漆机器人在对车身进行自动喷漆作业中,可以识别汽车车身的尺寸和位置,良好的眼手协调,使机器人可灵活自主地适应对象物的变化,大大提高了生产的经济效益。

1.5.4　工业机器人的协作控制

机器人是与人共同工作的,人与机器人之间的通信系统也需要更加高效和直观。当人们在一起工作时,常常相互展示一些事物是如何工作的,而不是去做什么解释。这一战略已经被人-机交互系统所采用。例如,操作员只要引导机器人的手臂沿工作路线运行一下,然后按下按钮,将操作过程储存下来,以后机器人就可以根据需要重复这一过程。这一通信方式是完全直观的,免除了许多复杂的编程过程。这在日益复杂的制造过程中,保持人-机之间的和谐交互是非常重要的。开发直观的、新的和多种通信方式是十分重要的,如人类交换信息可以用语言、演示、触摸、手势或面部表情,设想为工业机器人装备语音识别系统,使其能够听懂语言指令,并能做出反应。

工业机器人作为高度柔性、高效率和能重组的装配、制造和加工系统中的生产设备,它总是作为系统中的一员而存在,因此,要从组成敏捷制造生产系统的观点出发,不仅有机器人与人的集成、多机器人的集成,还有机器人与生产线、周边设备以及生产管理系统的集成和协调,因此,研究工业机器人的协作控制还有大量的理论与实践工作。

1.5.5　标准化与模块化

工业机器人功能部件的标准化与模块化是提高机器人的运动精度、运动速度、降低成本和提高可靠性的重要途径。模块化指机械模块、信息检测模块、控制模块等。近年来,世界各国注重发展组合式工业机器人。它是采用标准化的模块件或组合件拼装而成的。目前,国外已经研制和生产了各种不同的标准模块和组件,国内有关模块化工业机器人的开发工作也已有了成效。

1.5.6　工业机器人机构的新构型

随着工业机器人作业精度的提高和作业环境的复杂化,急需开发新型的微动机构来保证机器人的动作精度,如开发多关节、多自由度的手臂和手指及新型的行走机构等,以适应日益复杂的作业需求。

练习与思考

1. 简述工业机器人的定义。机器人的主要特点是什么？
2. 工业机器人与数控机床有什么区别？
3. 工业机器人与外界环境有什么关系？
4. 说明工业机器人的基本组成及三大部分之间的关系。
5. 简述下面几个术语的含义：自由度，重复定位精度，工作范围，工作速度，承载能力。
6. 什么叫冗余自由度机器人？
7. 工业机器人怎样按机械系统的基本结构来分类？
8. 工业机器人怎样按控制方式来分类？
9. 什么是SCARA机器人？应用上有何特点？
10. 总结机器人的应用情况。
11. 并联机器人的结构特点是什么？它适用于哪些场合？
12. 为什么说工业机器人是人类的"工作伙伴"？

第 2 章　机器人的机械结构

学习目标

① 掌握工业机器人机身结构的组成。
② 掌握工业机器人臂部与腕部机构的组成。
③ 掌握工业机器人手部机构的组成。
④ 掌握工业机器人传动机构的原理。
⑤ 掌握工业机器人行走机构的原理。

机器人本体机械结构由底座、腰部、大臂、小臂、手腕、末端执行器和驱动装置组成。共有 6 个自由度，依次为腰部回转、大臂俯仰、小臂俯仰、手腕回转、手腕俯仰、手腕侧摆。各部件组成和功能描述如下。

① 底座部件　底座部件包括底座、回转部件、传动部件和驱动电机等。
② 腰部回转部件　腰部回转部件包括腰部支架、回转轴、支架、谐波减速器、制动器和步进电机等。
③ 大臂　包括大臂和传动部件。
④ 小臂　包括小臂、减速齿轮箱、传动部件、传动轴等，在小臂前端固定驱动手腕 3 个运动的步进电机。
⑤ 手腕部件　包括手腕壳体、传动齿轮和传动轴、机械接口等。
⑥ 末端执行器（手部）　根据抓取物体的形状、材质等选择合理的结构。

2.1　机器人的机身结构

机身是直接连接、支撑和传动手臂及行走机构的部件。它是由臂部运动（升降、平移、回转、俯仰）机构及有关的导向装置、支撑件等组成。由于机器人的运动形式、使用条件、负载能力各不相同，所采用的驱动装置、传动机构、导向装置也不同，致使机身结构有很大差异。常用的机身结构：

① 升降回转型机身结构；
② 俯仰型机身结构；
③ 直移型机身结构；
④ 类人机器人机身结构。

2.1.1　升降回转型机身结构

(1) 升降回转型机身结构的特点

① 升降油缸在下，回转油缸在上，回转运动采用摆动油缸驱动，因摆动油缸安置在升降

活塞杆的上方，故活塞杆的尺寸要加大。

② 回转油缸在下，升降油缸在上，回转运动采用摆动油缸驱动，相比之下，回转油缸的驱动力矩要设计得大一些。

③ 链条链轮传动是将链条的直线运动变为链轮的回转运动，它的回转角度可大于360°，如图2-1所示。

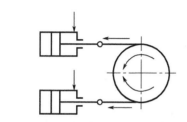

(a) 单杆活塞气缸驱动链条链轮传动机构

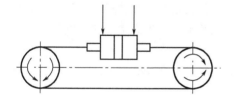

(b) 双杆活塞气缸驱动链条链轮传动机构

图 2-1　链条链轮传动机构

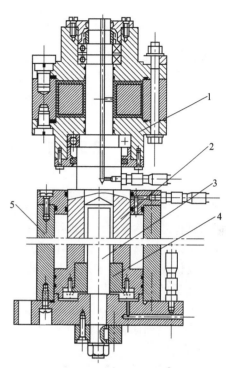

图 2-2　升降回转型机身结构
1—回转缸；2—活塞；3—花键轴；
4—花键轴套；5—升降缸

(2) 升降回转型机身结构的工作原理

图2-2所示设计的机身包括两个运动，即机身的回转和升降。机身回转机构置于升降缸之上。手臂部件与回转缸的上端盖连接，回转缸的动片与缸体连接，由缸体带动手臂进行回转。回转缸的转轴与升降缸的活塞杆是一体的。活塞杆采用空心，内装一花键套与花键轴配合，活塞升降由花键轴导向。花键轴与升降缸的下端盖用键来固定，下端盖与连接地面的底座固定。这样就固定了花键轴，也就通过花键轴固定了活塞杆。这种结构中的导向杆在内部，结构紧凑。

2.1.2　俯仰型机身结构

俯仰型机身结构由实现手臂左右回转和上下俯仰的部件组成，它用手臂的俯仰运动部件代替手臂的升降运动部件。俯仰运动大多采用摆式直线缸驱动。

机器人手臂的俯仰运动一般采用活塞缸与连杆机构实现。手臂俯仰运动用的活塞缸位于手臂的下方，其活塞杆和手臂用铰链连接，缸体采用尾部耳环或中部销轴等方式与立柱连接，如图2-3所示。此外，有时也采用无

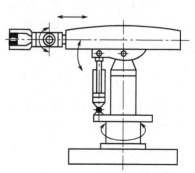

图 2-3　俯仰型机身结构

杆活塞缸驱动齿条齿轮或四连杆机构实现手臂的俯仰运动。

2.1.3 直移型机身结构

直移型机身结构多为悬挂式，机身实际是悬挂手臂的横梁。为使手臂能沿横梁平移，除了要有驱动和传动机构外，导轨也是一个重要的部件。

2.1.4 类人机器人型机身结构

类人机器人型机身结构除了装有驱动臂部的运动装置外，还应该有驱动腿部运动的装置和腰部关节。类人机器人型机身靠腿部的屈伸运动来实现升降，腰部关节实现左右和前后的俯仰与人身轴线方向的回转运动。

2.2 机器人的臂部与腕部机构

2.2.1 机器人臂部的组成

手臂部件（简称臂部）是机器人的主要执行部件，是机器人系统中类似人类胳膊的机构，它的主要作用是支撑腕部和手部，并带动它们在空间运动。随着机器人学和机器人技术的发展，机械臂不再仅仅或只是固定于基座上，机械臂开始成为自主移动式机器人重要的组成部分。

（1）手臂的运动

一般来讲，为了让机器人的手爪或末端操作器可以达到任务要求，手臂至少能够完成垂直移动、径向移动和回转运动 3 个运动。

① 垂直运动

② 径向运动　径向移动是指手臂的伸缩运动。机器人手臂的伸缩，使其手臂的工作长度发生变化。在圆柱坐标式结构中，手臂的最大工作长度决定其末端所能达到的圆柱表面直径。

③ 回转运动　回转运动是指机器人绕铅垂轴的转动。这种运动决定了机器人的手臂所能到达的角度位置。

（2）手臂的组成

机器人的手臂主要包括臂杆及与其伸缩、屈伸或自转等运动有关的构件（传动机构、驱动装置、导向定位装置、支撑连接和位置检测元件等）。此外，还有与腕部或手臂的运动和连接支撑等有关的构件、配管配线等。

根据臂部的运动和布局、驱动方式、传动和导向装置的不同，臂部结构可分为伸缩型臂部结构、转动伸缩型臂部结构、屈伸型臂部结构及其他专用的机械传动臂部结构。伸缩型臂部结构可由液（气）压缸驱动或直线电动机驱动。转动伸缩型臂部结构除了臂部做伸缩运动，还绕自身轴线运动，以便使手部旋转。

2.2.2 机器人臂部的配置

机身和臂部的配置形式基本反映了机器人的总体布局。由于机器人的运动要求、工作对象、作业环境和场地等因素的不同，出现了各种不同的配置形式。目前常用的有如下几种形式：横梁型、立柱式、基座式和屈伸式。

（1）横梁式配置

机身设计成横梁式，用于悬挂手臂部件。横梁式配置通常分为单臂悬挂式和双臂悬挂式两种，如图 2-4 所示。这类机器人的运动形式大多为移动式。它具有占地面积小、能有效利用空间、动作简单直观等优点。横梁可以是固定的，也可以是行走的。一般横梁安装在厂房原有建筑的柱梁或有关设备上，也可从地面架设。

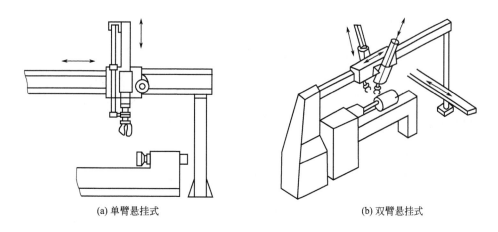

(a) 单臂悬挂式　　　　　　　　　　(b) 双臂悬挂式

图 2-4　横梁式配置

(2) 立柱式配置

立柱式配置的臂部多采用回转型、俯仰型或屈伸型的运动形式，是一种常见的配置形式。立柱式配置通常分为单臂式和双臂式两种。一般臂部都可在水平面内回转，具有占地面积小、工作范围大的特点。立柱可固定安装在空地上，也可以固定在床身上。立柱式配置的结构简单，服务于某种主机，承担上、下料或转运等工作，如图 2-5 所示。

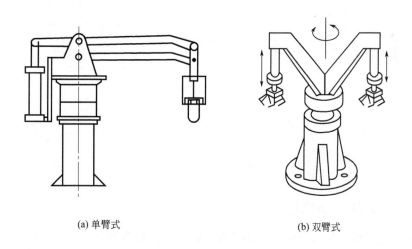

(a) 单臂式　　　　　　　　　　(b) 双臂式

图 2-5　立柱式配置

(3) 基座式配置

基座式配置的臂部是独立的、自成系统的完整装置，可以随意安放和搬动，也可以具有行走机构，如沿地面上的专用轨道移动，以扩大其活动范围。各种运动形式均可设计成基座式。基座式配置通常分为单臂回转式、双臂回转式和多臂回转式，如图 2-6 所示。

(4) 屈伸式配置

屈伸式配置的臂部由大小臂组成，大小臂间有相对运动，称为屈伸臂。屈伸臂与机身间的配置形式（平面屈伸式和立体屈伸式）关系到机器人的运动轨迹，平面屈伸式可以实现平面运动，立体屈伸式可以实现空间运动，如图 2-7 所示。

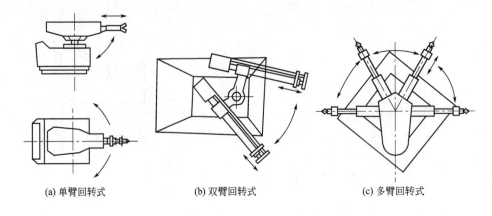

(a) 单臂回转式　　(b) 双臂回转式　　(c) 多臂回转式

图 2-6　基座式配置

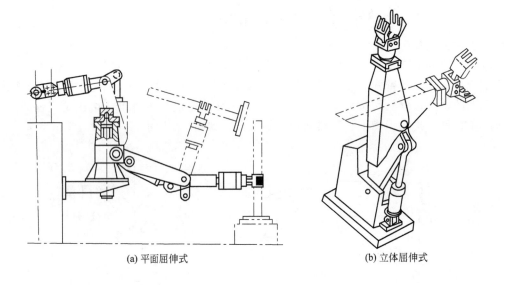

(a) 平面屈伸式　　　　　　(b) 立体屈伸式

图 2-7　屈伸式配置

2.2.3　机器人的臂部机构

机器人的臂部机构分为臂部伸缩机构、臂部俯仰结构和臂部回转与升降机构三种。

(1) 臂部伸缩机构

机器人的臂部机构，当行程小时，采用油（气）缸直接驱动；当行程较大时，可采用油（气）缸驱动齿条传动的倍增机构、步进电动机及伺服电动机驱动，也可用丝杠螺母或滚珠丝杆传动。为了增加手臂的刚性，防止手臂在伸缩运动时绕轴线转动或产生变形，臂部伸缩机构需设置导向装置或壁杆（方形、花键等形式）。常用的导向装置有单导向杆和双导向杆等，可根据手臂的结构、抓重等因素选取。手臂的垂直伸缩运动由油缸驱动，其特点是行程长，抓重大。工件形状不规则时，为了防止产生较大的偏重力矩，可用 4 根导向柱，这种结构多用于箱体加工线上。如图 2-8 所示。

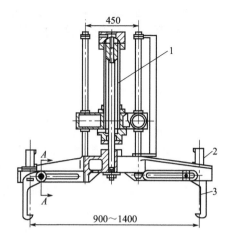
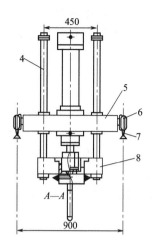

图 2-8　四导向柱式臂部伸缩机构
1—油缸；2—夹紧缸；3—手部；4—导向柱；5—运行架；6—行走车轮；7—轨道；8—支座

（2）臂部俯仰结构

通常采用摆动油（气）缸驱动、铰链连杆机构传动实现手臂的俯仰，如图 2-9 所示。

（3）臂部回转与升降机构

臂部回转与升降机构常采用回转缸与升降缸单独驱动，适用于升降行程短而回转角度小于 360°的情况，也有用升降缸与气动马达锥齿轮传动的机构。

2.2.4　机器人的腕部机构

工业机器人腕部是手臂和手部的连接部件，起支撑手部和改变手部姿态的作用。

（1）机器人腕部结构的基本形式和特点

机器人一般具有 6 个自由度才能使手部达到目标位置和处于期望的姿态，腕部上的自由度主要用于实现所期望的姿态。对于一般的机器人，与手部相连接

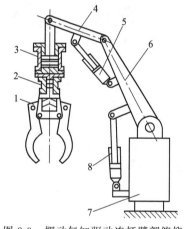

图 2-9　摆动气缸驱动连杆臂部俯仰机构
1—手部；2—夹紧缸；3—升降缸；4—小臂；
5、8—摆动气缸；6—大臂；7—立柱

的手腕都具有独驱自转的功能，若手腕能在空间取任意方位，那么与之相连的手部就可在空间取任意姿态，即达到完全灵活。

从驱动方式看，手腕一般有两种形式，即远程驱动和直接驱动。直接驱动是指驱动器安装在手腕运动关节的附近直接驱动关节运动，因而传动路线短，传动刚度好，但腕部的尺寸和质量大，惯量大。远程驱动方式的驱动器安装在机器人的大臂、基座或小臂远端上，通过连杆、链条或其他传动机构间接驱动腕部关节运动，因而手腕的结构紧凑，尺寸和质量小，对改善机器人的整体动态性能有好处，但传动设计复杂，传动刚度也降低了。

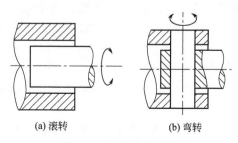

图 2-10　手腕关节的转动

按转动特点的不同，用于手腕关节的转动又可细分为滚转和弯转两种，如图 2-10 所示。滚转是指组成关节的两个零件自身的几何回转中心和相对运

动的回转轴线重合，因而能实现 360°无障碍旋转的关节运动，通常用 R 来标记。弯转是指两个零件的几何回转中心和其相对转动轴线垂直的关节运动。由于受到结构的限制，其相对转动角度一般小于 360°。弯转通常用 B 来标记。

(2) 腕部的自由度

手腕按自由度个数可分为单自由度手腕、2 自由度手腕和 3 自由度手腕。腕部实际所需要的自由度数目应根据机器人的工作性能要求来确定。在有些情况下，腕部具有 2 个自由度，即翻转和俯仰或翻转和偏转。一些专用机械手甚至没有腕部，但有些腕部为了满足特殊要求还有横向移动自由度。为了使手部能处于空间任意方向，要求腕部能实现对空间 3 个坐标轴 X、Y、Z 的转动，即具有翻转、俯仰和偏转 3 个自由度，如图 2-11 所示。通常把腕部的回转称为 Roll，用 R 表示；把腕部的俯仰称为 Pitch，用 P 表示；把腕部的偏转称为 Yaw，用 Y 表示。

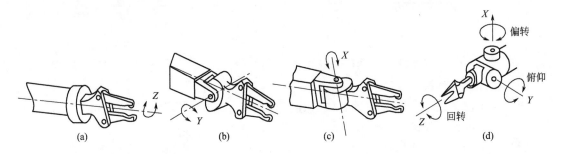

图 2-11 工业机器人腕部的自由度

① 单自由度手腕 图 2-12(a) 所示为 R 关节，它使手臂纵轴线和手腕关节轴线构成共轴线形式，其旋转角度大，可达 360°以上；图 2-12(b) 和 (c) 所示为 B 关节，关节轴线与前、后两个连接件的轴线相垂直。B 关节因为受到结构上的干涉，旋转角度小，方向角大大受限。图 2-12(d) 所示为 T 关节。

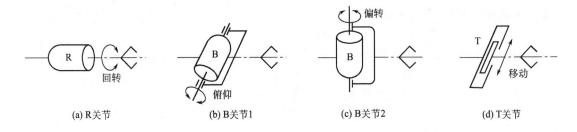

图 2-12 单自由度手腕

② 2 自由度手腕 2 自由度手腕可以是由一个 R 关节和一个 B 关节组成的 BR 手腕 [图 2-13(a)]，也可以是由两个 B 关节组成的 BB 手腕 [图 2-13(b)]，但是不能由两个 RR 关节组成 RR 手腕，因为两个 R 关节共轴线，所以会减小一个自由度，实际只构成单自由度手腕 [图 2-13(c)]。2 自由度手腕中最常用的是 BR 手腕。

(3) 3 自由度手腕

3 自由度手腕可以是由 B 关节和 R 关节组成的多种形式的手腕，但在实际应用中，常用的有 BBR、RRR、BRR 和 RBR 4 种，如图 2-14 所示。

PUMA 262 机器人的手腕采用的是 RRR 结构形式，安川 HP20 机器人的手腕采用的是 RBR 结构形式，如图 2-15 所示。

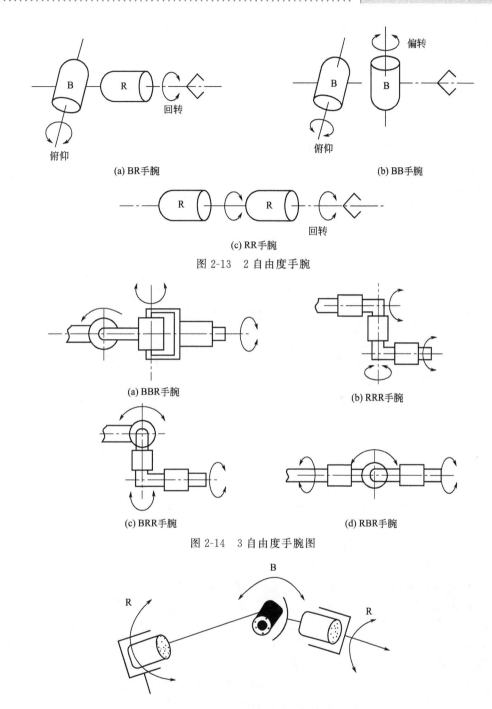

(a) BR手腕　　(b) BB手腕

(c) RR手腕

图 2-13　2 自由度手腕

(a) BBR手腕　　(b) RRR手腕

(c) BRR手腕　　(d) RBR手腕

图 2-14　3 自由度手腕图

图 2-15　RBR 结构形式

2.3　机器人的手部机构

工业机器人的手部是装在其手腕上直接抓握工件或执行作业的部件。对于整个工业机器人来说，手部是完成作业好坏、作业柔性优劣的关键部件之一。一般来说，机器人的手部有如下的特点。

① 手部与手腕相连处可拆卸　手部与手腕有机械接口，也可能有电、气、液接头。工业机器人作业对象不同时，可以方便地拆卸和更换手部。

② 手部是机器人末端执行器　它可以像人手那样具有手指，也可以是不具备手指的手；可以是类人的手爪，也可以是进行专业作业的工具，比如装在机器人手腕上的喷漆枪、焊接工具等。

③ 手部的通用性比较差　机器人手部通常是专用的装置，例如，一种手爪往往只能抓握一种或几种在形状、尺寸、重量等方面相近似的工件；一种工具只能执行一种作业任务。

④ 手部是一个独立的部件　假如把手腕归属于手臂，那么机器人机械系统的三大件就是机身、手臂和手部（末端执行器）。具有复杂感知能力的智能化手爪的出现，增加了工业机器人作业的灵活性和可靠性。

另外，机器人手部按夹持原理可做如下分类：

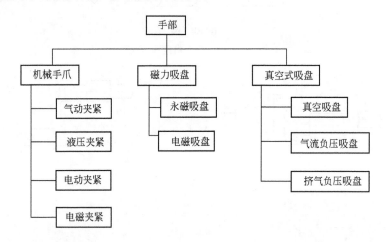

2.3.1　机械手爪

手爪具有一定的通用性，它的主要功能是抓住工件，握持工件，释放工件。

① 抓住　在给定的目标位置和期望姿态上抓住工件。工件在手爪内必须具有可靠的定位，保持工件与手爪之间准确的相对位姿，并保证机器人后续作业的准确性。

② 握持　确保工件在搬运过程中或零件在装配过程中定义了的位置和姿态的准确性。

③ 释放　在指定点上除去手爪和工件之间的约束关系。

(1) 手爪的驱动

机械手爪的作用是抓住工件、握持工件和释放工件。手指的开合通常采用气动、液动、电动和电磁来驱动。气动手爪目前得到广泛的应用，主要由于气动手爪具有结构简单、成本低、容易维修、开合迅速、重量轻等优点，其缺点在于空气介质存在可压缩性，使爪钳位置控制比较复杂。液压驱动手爪成本要高些。电动手爪的优点在于手指开合电动机的控制与机器人控制共用一个系统，但是夹紧力比气动手爪、液压手爪小，相比而言开合时间要稍长。

图 2-16 所示为气压驱动的手爪，气缸 4 中的压缩空气推动活塞 5，使齿条 1 做往复运动，经扇形齿轮 2 带动平行四边形机构，使爪钳 3 平行地快速开合。

(2) 手爪的传动机构

驱动机构的驱动力通过传动机构驱使爪钳开合并产生夹紧力。

对于传动机构，有运动要求和夹紧力要求。图 2-17 及图 2-18 所示的手爪传动机构可保持爪钳平行运动，夹持宽度变化大。对夹紧力的要求是，爪钳开合度不同时夹紧力能保持不变。

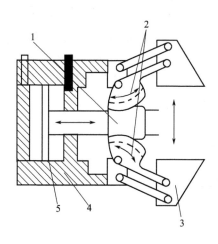

图 2-16 气压驱动的手爪
1—齿条；2—扇形齿轮；3—爪钳；4—气缸；5—活塞

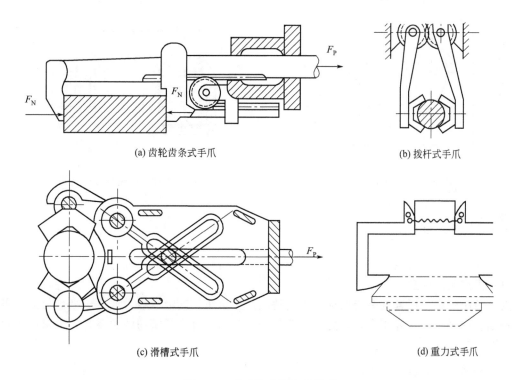

图 2-17 手爪传动机构的类型

(3) 爪钳

爪钳是与工件直接接触的部分，它们的形状和材料对夹紧力有很大的影响。夹紧工件的接触点越多，所要求的夹紧力越小，夹持工件越安全。图 2-18 所示为 V 形爪钳图示，有 4 条折线与工件相接触，形成夹紧力封闭的夹持状态。

2.3.2 磁力吸盘

磁力吸盘有电磁吸盘和永磁吸盘两种。磁力吸盘是在手部装上电磁铁，通过磁场吸力把工件吸住。线圈通电后产生磁性吸力，将工件吸住，断电后磁性吸力消失，将工件松开。若采用永久磁铁作为吸盘，则必须强迫性取下工件。电磁吸盘只能吸住铁磁材料制成的工件，吸不住有色金属和非金属材料的工件。磁力吸盘的缺点是被吸取工件有剩磁，吸盘上常会吸附一些铁屑，致使其不能可靠地吸住工件。对于不准有剩磁的场合，不能选用磁力吸盘，应采用真空吸盘，如钟表及仪表零件等。另外，高温条件下不宜使用磁力吸盘，主要在于钢、铁等磁性物质在723℃以上时磁性会消失。如图2-19所示。

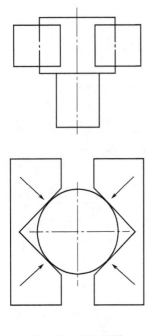

图 2-18　V形爪钳

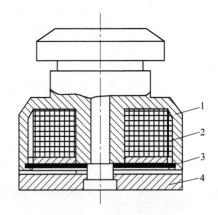

图 2-19　电磁吸盘的结构
1—外壳体；2—线圈；3—防尘盖；4—磁盘

2.3.3　真空式吸盘

真空式吸盘分为真空负压吸盘、气流负压吸盘和挤气负压吸盘三种。

(1) 真空负压吸盘

真空负压吸盘采用真空泵能保证吸盘内持续产生负压。其吸盘吸力取决于吸盘与工件表面的接触面积和吸盘内、外压力差，另外与工件表面状态也有十分密切的关系，它影响负压的稳定，如图2-20所示。

(2) 气流负压吸盘

压缩空气进入喷嘴后，由于伯努利效应，橡胶皮碗内产生负压。在工厂一般都有空压机或空压站，空压机气源比较容易解决，不用专门为机器人配置真空泵，因此气流负压吸盘在工厂里使用较多，如图2-21所示。

(3) 挤气负压吸盘

当吸盘压向工件表面时，将吸盘内空气挤出；当吸盘与工件去除压力时，吸盘恢复弹性变形，使吸盘内腔形成负压，将工件牢牢吸住，机械手即可进行工件搬运；到达目标位置后，可用碰撞力或电磁力使压盖动作，空气进入吸盘腔内，释放工件。这种挤气负压吸盘不需要真空泵，也不需要压缩空气气源，经济方便，但是可靠性比真空负压吸盘和气流负压吸盘差。如图2-22所示。

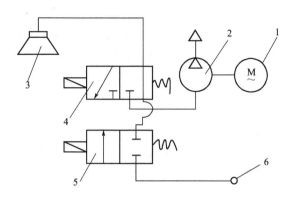

图 2-20 真空负压吸盘

1—电动机;2—真空泵;3—吸盘;4,5—电磁阀;6—通大气

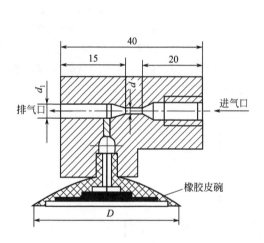

图 2-21 气流负压吸盘的工作原理

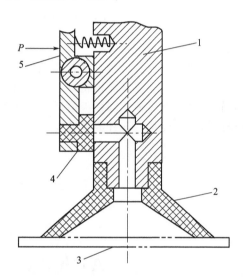

图 2-22 挤气负压吸盘的结构

1—吸盘架;2—吸盘;3—工件;4—密封垫;5—压盖

2.4 机器人的传动机构

工业机器人的驱动源通过传动部件来驱动关节的移动或转动,从而实现机身、手臂和手腕的运动。因此,传动部件是构成工业机器人的重要部件。根据传动类型的不同,传动部件可以分为两大类:直线传动机构和旋转传动机构。

2.4.1 直线传动机构

(1) 移动关节导轨

在运动过程中,移动关节导轨可以起到保证位置精度和导向的作用。移动关节导轨有普通滑动导轨、液压动压滑动导轨、液压静压滑动导轨、气浮导轨和滚动导轨5种。前两种导轨具有结构简单、成本低的优点,但是它必须留有间隙,以便润滑,而机器人载荷的大小和方向变化很快,间隙的存在又将会引起坐标位置的变化和有效载荷的变化;另外,导轨的摩擦系数又随着速度的变化而变化,在低速时容易产生爬行现象等。第三种导轨能产生预载荷,能完全消

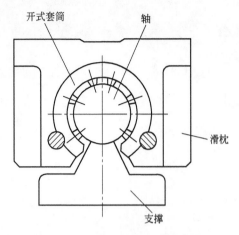

图 2-23 包容式滚动导轨的结构

除间隙，具有高刚度、低摩擦、高阻尼等优点，但是它需要单独的液压系统和回收润滑油的机构。第四种导轨的缺点是刚度和阻尼较低。

目前，第五种导轨在工业机器人中应用最为广泛，图 2-23 所示为包容式滚动导轨的结构，其由支撑座支撑，可以方便地与任何平面相连，此时套筒必须是开式的，嵌在滑枕中，既增强了刚度，也方便与其他元件进行连接。

(2) 齿轮齿条装置

齿轮是能互相啮合的有齿的机械零件，它在机械传动及整个机械领域中的应用极其广泛。齿轮的种类繁多，其分类方法通常是根据齿轮轴性，一般分为平行轴、相交轴及交错轴三种类型。平行轴齿轮包括正齿轮、斜齿轮、内齿轮、齿条及斜齿条等。相交轴齿轮有直齿锥齿轮、弧齿锥齿轮、零度齿锥齿轮等。交错轴齿轮有交错轴斜齿轮、蜗杆蜗轮、准双曲面齿轮等。在齿轮齿条装置中（图 2-24），如果齿条固定不动，那么当齿轮转动时，齿轮轴连同拖板沿齿条方向做直线运动，这样，齿轮的旋转运动就转换成拖板的直线运动。拖板是由导杆或导轨支撑的。该装置的回差较大。

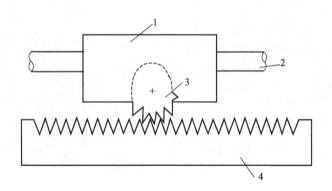

图 2-24 齿轮齿条装置
1—拖板；2—导向杆；3—齿轮；4—齿条

(3) 滚珠丝杠螺母

滚珠丝杠是工具机械和精密机械上最常使用的传动元件，其主要功能是将旋转运动转换成线性运动，或将扭矩转换成轴向反复作用力，同时兼具高精度、可逆性和高效率的特点。由于具有很小的摩擦阻力，滚珠丝杠被广泛应用于各种工业设备和精密仪器。

在工业机器人中经常采用滚珠丝杠，是因为滚珠丝杠的摩擦力很小且运动响应速度快。由于滚珠丝杠螺母的螺旋槽里放置了许多滚珠，丝杠在传动过程中所受的是滚动摩擦力，摩擦力较小，因此传动效率高，同时可消除低速运动时的爬行现象。在装配时施加一定的预紧力，可消除回差。

图 2-25 所示滚珠丝杠螺母副里的滚珠，经过研磨的导槽循环往复传递运动与动力。滚珠丝杠的传动效率可以达到 90%。

(4) 液（气）压缸

液（气）压缸是将液压泵（空压机）输出的压力转换为机械能，可以做直线往复运动的执

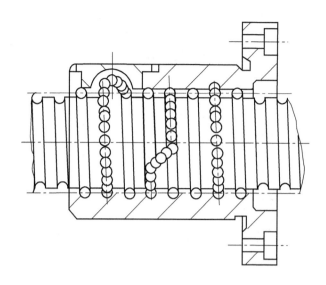

图 2-25　滚珠丝杠螺母副

行元件，使用液（气）压缸可以容易地实现直线运动。液（气）压缸主要由缸筒、缸盖、活塞、活塞杆和密封装置等部件构成，活塞和缸筒采用精密滑动配合，压力油（压缩空气）从液（气）压缸的一端进入，把活塞推向液（气）压缸的另一端，从而实现直线运动。通过调节进入液（气）压缸液压油（压缩空气）的流动方向和流量，可以控制液（气）压缸的运动方向和速度。

2.4.2　旋转传动机构

一般电动机都能够直接产生旋转运动，但其输出力矩比所要求的力矩小，转速比要求的转速高，因此需要采用齿轮、皮带传动装置或其他运动传动机构，把较高的转速转换成较低的转速，并获得较大的力矩。运动的传递和转换必须高效率地完成，且不能有损于机器人系统所需要的特性，如定位精度、重复定位精度和可靠性等。通过以下 4 种传动机构可以实现运动的传递和转换。

（1）齿轮副

齿轮副是两个相啮合的齿轮组成的基本机构，是运动副的一种，属于高副机构。齿轮传动是近代机器中最常见的一种机械传动，是传递机器动力和运动的一种主要形式，是机械产品的重要基础零部件。它与带、链、摩擦、液压等机械传动相比，具有功率范围大、传动效率高、圆周速度高、传动比

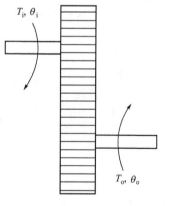

图 2-26　齿轮传动副

准确、使用寿命长、结构尺寸小等一系列特点，已成为许多机械产品不可缺少的传动部件，也是机器中所占比重最大的传动形式。齿轮副不但可以传递运动角位移和角速度，而且可以传递力和力矩。如图 2-26 所示，一个齿轮装在输入轴上，另一个齿轮装在输出轴上，可以得到齿轮的齿数与其转速成反比，输出力矩与输入力矩之比等于输出齿数与输入齿数之比。

(2) 同步带传动装置

在工业机器人中，同步带传动主要用来传递平行轴间的运动。同步传送带和带轮的接触面都制成相应的齿形，靠啮合传递功率，其传动原理如图 2-27 所示。齿的节距用包络带轮时的圆节距 t 表示。

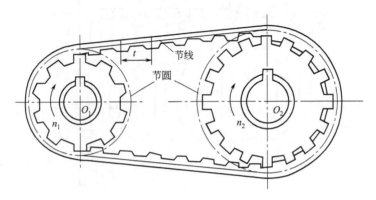

图 2-27 同步带的传动原理

同步带的计算公式为

$$i = \frac{n_2}{n_1} = \frac{z_1}{z_2}$$

式中，n_1 为主动轮转速，r/min；n_2 为被动轮转速，r/min；z_1 为主动轮齿数；z_2 为被动轮齿数。

同步带传动的优点：传动时无滑动，传动比较准确且平稳；速比范围大；初始拉力小；轴与轴承不易过载。但是，这种传动机构的制造及安装要求严格，对带的材料要求也较高，因而成本较高。同步带传动适合于电动机与高减速比减速器之间的传动。

(3) 谐波齿轮传动

谐波齿轮传动由刚性齿轮、谐波发生器和柔性齿轮 3 个主要零件组成，如图 2-28 所示。

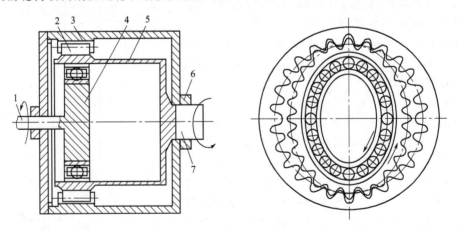

图 2-28 谐波齿轮传动
1—输入轴；2—柔性外齿圈；3—刚性内齿圈；4—谐波发生器；5—柔性齿轮；6—刚性齿轮；7—输出轴

谐波齿轮传动比的计算公式为

$$i = \frac{z_2 - z_1}{z_2}$$

式中，z_1 为柔性齿轮的齿数；z_2 为刚性齿轮的齿数。假设刚性齿轮有 100 个齿，柔性齿轮比它少 2 个齿，则当谐波发生器转 50 圈时，柔性齿轮转 1 圈，这样只占用很小的空间就可以得到 1∶50 的减速比。通常将谐波发生器装在输入轴上，把柔性齿轮装在输出轴上，以获得较大的齿轮减速比。

工作时，刚性齿轮 6 固定安装，各齿均匀分布于圆周上，具有柔性外齿圈 2 的柔性齿轮 5 沿刚性内齿圈 3 转动。柔性齿轮比刚性齿轮少 2 个齿，所以柔性齿轮沿刚性齿轮每转一圈就反向转过两个齿的相应转角。谐波发生器 4 具有椭圆形轮廓，装在其上的滚珠用于支撑柔性齿轮，谐波发生器驱动柔性齿轮旋转，使之发生塑性变形。转动时，柔性齿轮的椭圆形端部只有少数齿与刚性齿轮啮合。只有这样，柔性齿轮才能相对于刚性齿轮自由地转过一定的角度。通常刚性齿轮固定，谐波发生器作为输入端，柔性齿轮与输出轴相连。

(4) 摆线针轮传动减速器

摆线针轮传动是在针摆传动基础上发展起来的一种新型传动方式，20 世纪 80 年代日本研制出了用于机器人关节的摆线针轮传动减速器，如图 2-29 所示。

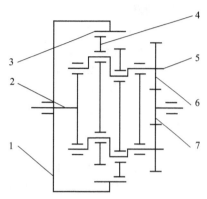

图 2-29 摆线针轮传动减速器
1—针齿壳；2—输出轴；3—针齿；
4—摆线轮；5—曲柄轴；6—渐开线
行星轮；7—渐开线中心轮

它由渐开线圆柱齿轮行星减速机构和摆线针轮行星减速机构两部分组成。渐开线行星轮 6 与曲柄轴 5 连成一体，作为摆线针轮传动的输入部分。如果渐开线中心轮 7 顺时针旋转，那么渐开线行星齿轮在公转的同时还逆时针自转，并通过曲柄轴带动摆线轮做平面运动。此时，摆线轮因受与之啮合的针轮的约束，在其轴线绕针轮轴线公转的同时，还将反方向自转，即顺时针转动。同时，它通过曲柄轴推动行星架输出机构顺时针转动。

2.5 机器人的行走机构

行走机构由驱动装置、传动机构、位置检测元件、传感器、电缆及管路等组成。它一方面支撑机器人的机身、臂部和手部，另一方面还根据工作任务的要求，带动机器人实现在更广阔的空间内运动。一般而言，行走机器人的行走机构主要有车轮式行走机构、履带式行走机构和足式行走机构。

此外，还有步进式行走机构、蠕动式行走机构、混合式行走机构和蛇行式行走机构等，以适合于各种特别的场合。

2.5.1 机器人行走机构概述

行走机构按其行走移动轨迹可分为固定轨迹式和无固定轨迹式。固定轨迹式行走机构主要用于工业机器人。无固定轨迹式按行走机构的特点可分为步行式、轮式和履带式。在行走过程中，步行式与地面为间断接触，轮式和履带式与地面为连续接触。步行式为类人（动物）的腿脚式，轮式和履带式的形态为运行车式。运行车式行走机构用得比较多，多用于野外作业，比较成熟。步行式行走机构正在发展和完善中。

(1) 固定轨迹式可移动机器人

固定轨迹式可移动机器人机身底座安装在一个可移动的拖板座上，靠丝杠螺母驱动，整个机器人沿丝杠纵向移动。这类机器人除了采用直线驱动方式外，也可以采用类似起重机梁行走方式等。这种可移动机器人主要用在作业区域大的场合，如大型设备装配、立体化仓库中的材料搬运、材料堆垛和储运及大面积喷涂等。

(2) 无固定轨迹式行走机器人

工厂对机器人行走性能的基本要求是机器人能够从一台机器旁边移动到另一台机器旁边，或在一个需要焊接、喷涂或加工的物体周围移动。这样，就不用再把工件送到机器人旁边。这种行走性能也使机器人能更加灵活地从事更多的工作。在一项任务不忙时，它还能够进行另一项任务，就好像真正的工人一样。要使机器人能够在被加工物体周围移动或从一个工作地点移动到另一个工作地点，首先需要机器人能够面对一个物体自行重新定位。同时，行走机器人应能够绕过其运行轨迹上的障碍物。计算机视觉系统是提供上述能力的方法之一。

运载机器人的行走车辆必须能够支撑机器人的重量。当机器人四处行走对物体进行加工时，行走车辆还需具有保持稳定的能力。这就意味着机器人本身既要平衡可能出现的不稳定力或力矩，又要有足够的强度和刚度，以承受可能施加于其上的力和力矩。为了满足这些要求，可以采用以下两种方法：一是增加机器人行走车辆的重量和刚性；二是进行实时计算和施加所需要的平衡力。由于前一种方法容易实现，因而它是目前改善机器人行走性能的常用方法。

2.5.2 车轮式行走机构

车轮式行走机器人是机器人中应用最多的一种机器人，在相对平坦的地面上，用车轮移动方式行走是相当优越的。

(1) 车轮的形式

车轮的形状或结构形式取决于地面的性质和车辆的承载能力。在轨道上运行的车轮大多是实心钢轮，在室外路面行驶的车轮大多是充气轮胎，在室内平坦地面行驶的车轮大多是实心轮胎。图 2-30(a) 所示的充气球轮适合于沙丘地形；图 2-30(b) 所示的半球形轮是为火星表面而开发的；图 2-30(c) 所示的传统车轮适合于平坦的坚硬路面；图 2-30(d) 所示为车轮的一种变形，称为无缘轮，用来爬越阶梯及在水田中行驶。

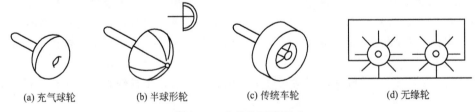

(a) 充气球轮　　(b) 半球形轮　　(c) 传统车轮　　(d) 无缘轮

图 2-30　车轮的不同形式

"玉兔"月球车车轮是镂空金属带轮。镂空是为了减少扬尘，因为在月面环境影响下，"玉兔"行驶时很容易打滑，月壤细粒会大量扬起飘浮，进而对巡视器等敏感部件产生影响，引起机械结构卡死、密封机构失效、光学系统灵敏度下降等故障。为应付"月尘"困扰，"玉兔"的轮子的辐条采用钛合金，筛网用金属丝编制，在保持高强度和抓地力的同时，减轻了轮子的重量，轮子是镂空的，同时还能起到减少扬尘的作用。轮子上还有二十几个抓地爪露在外面，如图 2-31 所示。

图 2-31 "玉兔"月球车车轮

(2) 车轮的配置和转向机构

车轮行走机构依据车轮的多少分为一轮、二轮、三轮、四轮以及多轮机构。一轮和二轮行走机构在实现上的主要障碍是稳定性问题,实际应用的车轮式行走机构多为三轮和四轮。

① 三轮行走机构　三轮行走机构具有一定的稳定性,代表性的车轮配置方式是一个前轮、两个后轮,如图 2-32 所示。图 2-32(a) 所示为两后轮独立驱动,前轮仅起支撑作用,靠后轮的转速差实现转向;图 2-32(b) 所示为采用前轮驱动、前轮转向的方式;图 2-32(c) 所示为利用两后轮差动减速器驱动、前轮转向的方式。

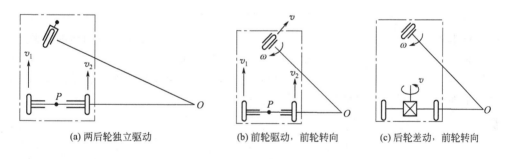

(a) 两后轮独立驱动　　　　(b) 前轮驱动,前轮转向　　　　(c) 后轮差动,前轮转向

图 2-32　三轮行走机构

② 轮组三轮行走机构　三组轮子呈等边三角形分布在机器人的下部,每组轮子由若干个滚轮组成。这些轮子能够在驱动电动机的带动下自由地转动,使机器人移动。驱动电动机控制系统既可以同时驱动三组轮子,也可以分别驱动其中两组轮子。这样,机器人就能够在任何方向上移动。该机器人的行走机构设计得非常灵活,它不但可以在工厂地面上运动,而且能够沿小路行驶。这种行走机构存在的问题是稳定性不够,容易倾倒,而且运动稳定性随着负载轮子的相对位置不同而变化;在轮子与地面的接触点从一个滚轮移到另一个滚轮上时,还会出现颠簸,如图 2-33 所示。

为了改进该机器人的稳定性,重新设计的三轮机器人是使用长度不同的两种滚轮,长滚轮呈锥形,固定在短滚轮的凹槽里,这样可大大减小滚轮之间的间隙,减小了轮子的厚度,

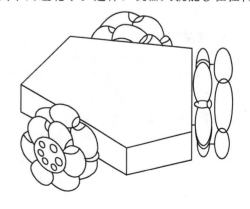

图 2-33　具有三组轮子的轮组三轮行走机构

提高了机器人的稳定性。此外，滚轮上还附加了软橡皮，具有足够的变形能力，可使滚轮的接触点在相互替换时不发生颠簸。

③ 四轮行走机构　四轮机构可采用不同的方式实现驱动和转向。图 2-34(a) 所示为后轮分散驱动；(b) 所示为四轮同步转向机构，当前轮转向时，通过四连杆机构使后轮得到相应的偏转，这种转向机械相比仅有前轮转向的车辆可实现更小的转向回转半径，如图 2-34 所示。

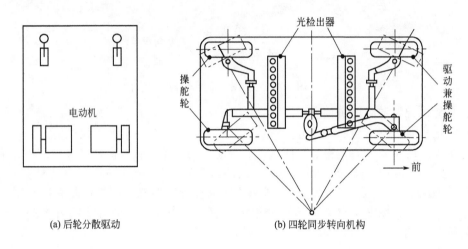

图 2-34　四轮行走机构

四轮行走机械的运动稳定性有很大提高。但是，要保证 4 个轮子同时和地面接触，必须使用特殊的轮系悬挂系统。它需要 4 个驱动电动机，控制系统也比较复杂，造价也较高。图 2-35 所示为轮位可变形四轮行走机构，机器人可以根据需要让 4 个车轮呈横向、纵向或同心方向行走，可以增加机器人的运动灵活性。

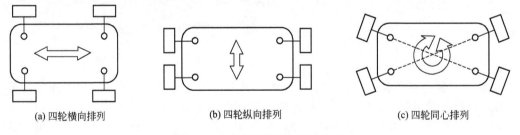

图 2-35　轮位可变形四轮行走机构

(3) 越障轮式机构

普通车轮行走机构对崎岖不平的地面适应性比较差，为了提高其适应地面的能力和稳定性，设计了越障式机构。这种行走机构往往是多轮式行走机构。

① 三小轮式车轮机构　当 a～d 车轮自转时，用于正常行走；当 e、f 车轮公转时，用于上台阶，g 是支臂撑起的负载，如图 2-36 所示。

如图 2-37(a) 所示，a 小轮和 c 小轮旋转前进（行走），使车轮接触台阶停住；如图 2-37(b) 所示，a、b 和 c 小轮绕着它们的中心旋转（公转），b 小轮接触到了高一级台阶；如图 2-37(c) 所示，b 小轮和 a 小轮旋转前进（行走）；如图 2-37(d) 所示，车轮又一次接触台阶停住。如此往复，便可以一级一级台阶地向上爬。

图 2-38 所示为三轮或四轮装置三小轮式车轮机械上台阶时的示意图，在同一个时刻，总

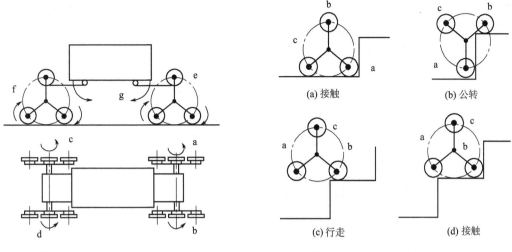

图 2-36 三小轮式车轮机构

图 2-37 三小轮式车轮机构上、下台阶时的工作示意图

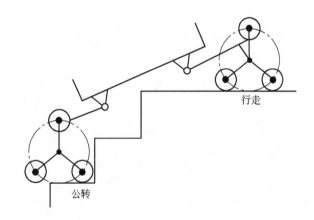

图 2-38 三轮或四轮装置三小轮式车轮机构上台阶时的示意图

是有轮子在行走,有轮子在公转。

② 多节车轮式机构　多节车轮式机构是由多个车轮用轴关节或伸缩关节连在一起形成的轮式行走机构。这种多轮式行走机构非常适合在崎岖不平的道路上行驶,对攀爬台阶也非常有效,如图 2-39 和图 2-40 所示。

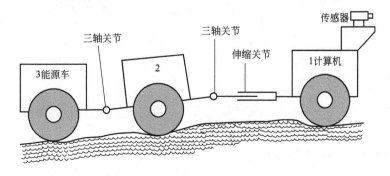

图 2-39 多节车轮式行走机构

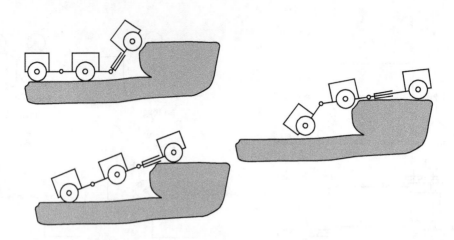

图 2-40　多节车轮式行走机构上台阶的工作过程示意图

③ 摇臂车轮式机构　摇臂车轮式机构的行走机构更有利于在未知的地况下行走，图 2-41 所示的"玉兔"月球车是由 6 个独立的摇臂作为每个车轮的支撑，每个车轮可以独立驱动、独立旋转、独立伸缩。"玉兔"月球车可以凭借 6 个轮子实现前进、后退、原地转向、行进间转向、20°爬坡、20cm 越障等。六轮摇臂车轮式行走机构，可使它们同时适应不同高度，保持 6 个轮子同时着地，使"玉兔"月球车成为一个真正的"爬行高手"。

图 2-41　"玉兔"月球车

2.5.3　履带式行走机构

履带式行走机构适合于未加工的天然路面行走，它是轮式行走机构的拓展，履带本身起着给车轮连续铺路的作用。

(1) 履带式行走机构的组成与形状

① 履带式行走机构的组成　履带式行走机构由履带、驱动链轮、支撑轮、托带轮和张紧轮（导向轮）组成，如图 2-42 所示。

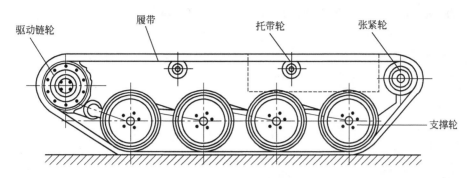

图 2-42 履带式行走机构

② 履带式行走机构的形状　履带式行走机构的形状有很多，主要是一字形和倒梯形等。图 2-43(a) 所示为一字形履带式行走机构，驱动轮及张紧轮兼作支撑轮，增大支撑地面面积，改善了稳定性，此时驱动轮和导向轮只略微高于地面。图 2-43(b) 所示为倒梯形履带式行走机构，不作支撑轮的驱动轮与张紧轮装得高于地面，链条引入引出时角度达 50°，其好处是适合于穿越障碍，另外因为减少了泥土夹入引起的磨损和失效，可以延长驱动轮和张紧轮的寿命。

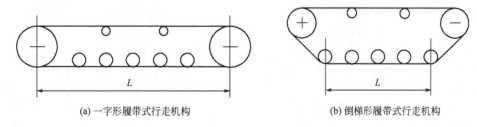

(a) 一字形履带式行走机构　　(b) 倒梯形履带式行走机构

图 2-43　履带式行走机构的形状

(2) 履带式行走机构的特点

履带式行走机构的优点：

① 支撑面积大，接地比压小，适合在松软或泥泞场地进行作业，下陷度小，滚动阻力小；

② 越野机动性好，可以在凹凸的地面上行走，可以跨越障碍物，能爬梯度不太高的台阶，爬坡、越沟等性能均优于轮式行走机构；

③ 履带支撑面上有履齿，不易打滑，牵引附着性能好，可发挥较大的牵引力。

履带式行走机构的缺点

① 由于没有自定位轮，没有转向机构，只能靠左右两个履带的速度差实现转弯，所以在横向和前进方向都会产生滑动；

② 转弯阻力大，不能准确地确定回转半径；

③ 结构复杂，重量大，运动惯性大，减振功能差，零件易损坏。

(3) 履带式行走机构的变形

① 形状可变履带式行走机构　如图 2-44 所示。随着主臂杆和曲柄的摇摆，整个履带可以随意变成各种类型的三角形形态，即其履带形状可以为适应台阶而改变，这样会比普通履带机构的动作更为自如，从

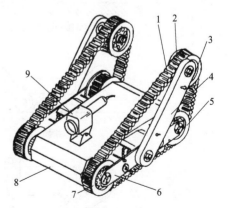

图 2-44　形状可变履带式行走机构
1—履带；2—行星轮；3—曲柄；
4—主臂杆；5—导向轮；6—履带架；
7—驱动轮；8—机体；9—摄像机

而使机器人的机体能够任意上下楼梯(图2-45)和越过障碍物。

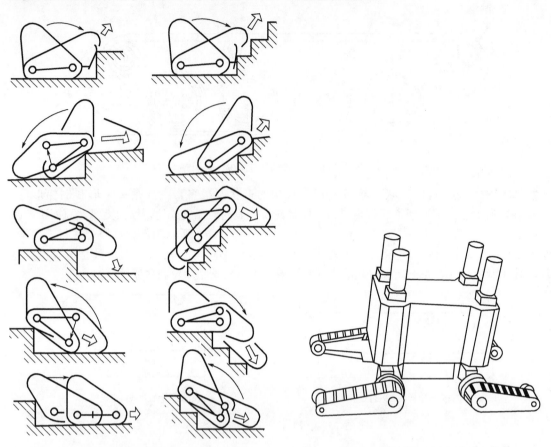

图 2-45　形状可变履带式行走机构上下楼梯

图 2-46　位置可变履带式行走机构

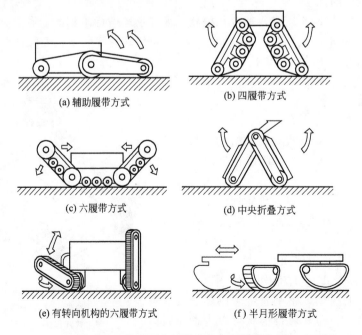

(a) 辅助履带方式

(b) 四履带方式

(c) 六履带方式

(d) 中央折叠方式

(e) 有转向机构的六履带方式

(f) 半月形履带方式

图 2-47　位置可变履带式行走机构的实例

② 位置可变履带式行走机构 如图 2-46 和图 2-47 所示。随着主臂杆和曲柄的摇摆，4 个履带可以随意变成朝前和朝后的多种位置组合形态，从而使机器人的机体能够上下楼梯，甚至跨越横沟，如图 2-48 所示。

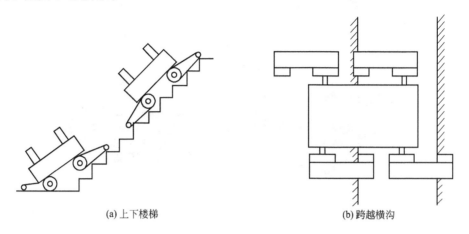

(a) 上下楼梯　　　　　　　　(b) 跨越横沟

图 2-48　位置可变履带式行走机构的上下楼梯和跨越横沟示意图

③ 装有转向机构的履带式行走机构　图 2-49 所示为装有转向机构的履带式行走机构。它可以转向，可以上下台阶。

图 2-49　装有转向机构的履带式行走机构

双重履带式可转向行走机构的主体前后装有转向器，并装有使转向器绕图中的 AA' 轴旋转的提起机构，这使得该行走机构上下台阶非常顺利，能得到用折叠方式向高处伸臂、在斜面上保持主体水平等各种各样的姿势，如图 2-50 所示。

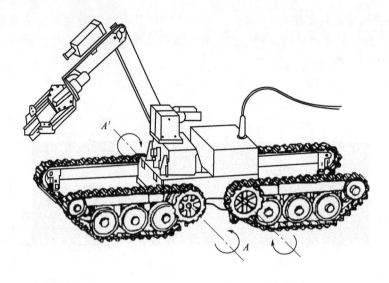

图 2-50 双重履带式可转向行走机构

2.5.4 足式行走机构

车轮式行走机构只有在平坦、坚硬的地面上行驶，才有理想的运动特性。若地面凸凹程度与车轮直径相当或地面很软，则它的运动阻力将大大增加。履带式行走机构虽然可在高低不平的地面上运动，但它的适应性不够，行走时晃动太大，在软地面上行驶运动效率低。根据调查，地球上近一半的地面不适合传统的轮式或履带式车辆行走，但是一般多足动物却能在这些地方行动自如，显然足式与轮式、履带式行走方式相比具有独特的优势。

(1) 足式行走的特点

① 足式行走的优点　足式行走对崎岖路面具有很好的适应能力。足式行走的立足点是离散的点，可以在可能到达的地面上选择最优的支撑点，而轮式和履带式行走工具必须面临最差的地形上的几乎所有点。足式行走机构有很大的适应性，尤其在有障碍物的通道（如管道、台阶或楼梯）或很难接近的工作场地更有优越性。足式行走还具有主动隔振能力，尽管地面高低不平，机身的运动仍然可以相当平稳。足式行走在不平地面和松软地面上的运动速度较高，能耗较少。

② 足的数目　如图 2-51 和表 2-1 所示。

表 2-1　不同足数对行走能力的评价

足数	保持稳定 姿势的能力	静态稳定 行走的能力	高速静态稳定 行走的能力	动态稳定 行走的能力	用自由度数衡量 的结构简单性
1	无	无	无	有	最好
2	无	无	无	有	最好
3	好	无	无	最好	好
4	最好	好	有	最好	好
5	最好	最好	好	最好	好
6	最好	最好	最好	好	一般
7	最好	最好	最好	好	一般
8	最好	最好	最好	好	一般

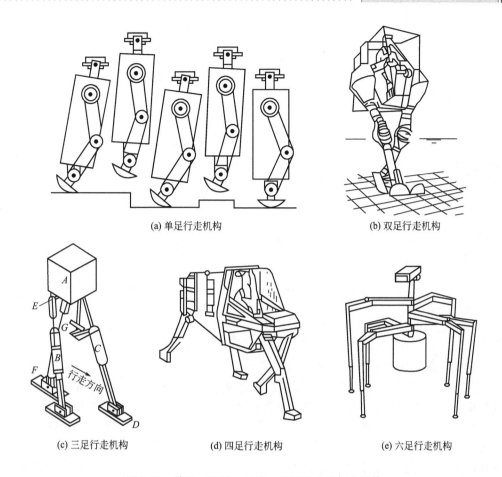

(a) 单足行走机构　　(b) 双足行走机构

(c) 三足行走机构　　(d) 四足行走机构　　(e) 六足行走机构

图 2-51　单足、双足、三足、四足和六足行走机构

(2) 足的配置

足的配置是指足相对于机体的位置和方位的安排，这个问题对于两足及两足以上的机器人尤为重要。就两足而言，足的配置或是一左一右，或是一前一后。后一种配置因容易引起腿间的干涉，故在实际中很少用到。

① 足的主平面的安排　在假设足的配置为对称的前提下，四足或多于四足的配置可能有两种，如图 2-52 所示。图 2-52(a) 所示为正向对称分布，即腿的主平面与行走方向垂直；图 2-52(b) 所示为前后向对称分布，即腿的主平面与行走方向一致。

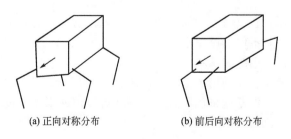

(a) 正向对称分布　　(b) 前后向对称分布

图 2-52　足式行走机构

② 足的几何构形　图 2-53 所示为足在主平面内的几何构形，包括哺乳动物形、爬行动物形、昆虫形。

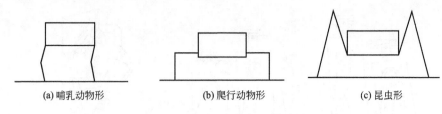

图 2-53　足在主平面内的几何构形

③ 足的相对方向　图 2-54 所示为足的相对弯曲方向，包括内侧相对弯曲、外侧相对弯曲、同侧弯曲。不同的安排对稳定性有不同的影响。

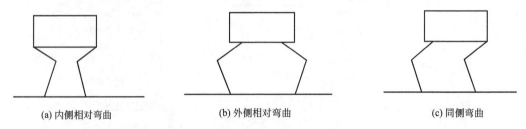

图 2-54　足的相对弯曲方向

(3) 足式行走机构的平衡和稳定性

① 静态稳定的多足机构　机器人机身的稳定通过足够数量的足支撑来保证。在行走过程中，机身重心的垂直投影始终落在支撑足落地点垂直投影所形成的凸多边形内。这样，即使在运动中的某一瞬时将运动"凝固"，机体也不会有倾覆的危险。这类行走机构的速度较慢，它的步态为爬行或步行。

四足机器人在静止状态是稳定的。步行时，当一只脚抬起，另三只脚支撑自重时，必须移动身体，让重心落在三只脚接地点所组成的三角形内。六足、八足步行机器人由于行走时可保证至少有三足同时支撑机体，在行走时更容易得到稳定的重心。

在设计阶段，静平衡机器人的物理特性和行走方式都经过认真协调，因此在行走时不会发生严重偏离平衡位置的现象。为了保持静平衡，机器人需要仔细考虑足的配置，保证至少同时有三个足着地来保持平衡，也可以采用大的机器足，使机器人重心能通过足的着地面，易于控制平衡。

② 动态稳定的多足机构　动态稳定的典型例子是踩高跷。高跷与地面只是单点接触，两根高跷在地面不动时站稳是非常困难的，要想原地停留，必须不断踏步，不能总是保持步行中的某种瞬间姿态。

在动态稳定中，机体重心有时不在支撑图形中，利用这种重心超出面积外而向前产生倾倒的分力，作为行走的动力并不停地调整平衡点以保证不会跌倒。这类机构一般运动速度较快，消耗能量小。其步态可以是小跑和跳跃。

双足行走和单足行走有效地利用了惯性力和重力，利用重力使身体向前倾倒来向前运动。这就要求机器人控制器必须不断地将机器人的平衡状态反馈回来，通过不停地改变加速度或重心的位置来满足平衡或定位的要求。

(4) 典型的足式行走机构

① 两足步行式机器人　足式行走机构有两足、三足、四足、六足、八足等形式，其中两足步行式机器人具有最好的适应性，也最接近人类，故也称为类人双足行走机器人。类人双足行走机构是多自由度的控制系统，是现代控制理论很好的应用对象。这种机构除结构简单外，

在保证静、动行走性能及稳定性和高速运动等方面都是最困难的。

在行走过程中,行走机构始终满足静力学的静平衡条件,即机器人的重心始终落在接触地面的一只脚上。如图2-55所示。

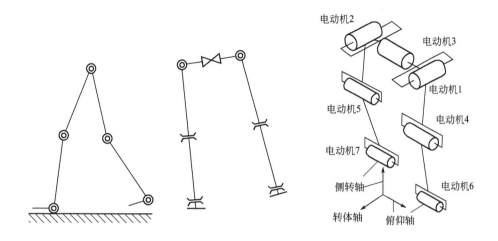

图2-55 两足步行式机器人行走机构原理图

② 四足、六足步行式机器人　四足、六足步行式机器人是模仿动物行走的机器人。四足步行式机器人除了关节式外,还有缩放式步行机构。图2-56所示为四足缩放式步行机器人的平面几何模型,其机体与支撑面保持平行。四足对称姿态比两足步行容易保持运动过程中的稳定,控制也容易些,其运动过程是一只足抬起,三足支撑机体向前移动。

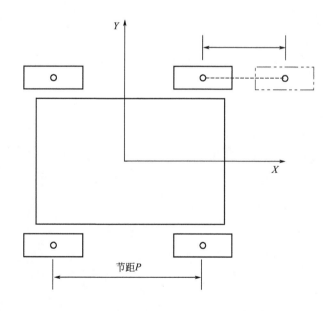

图2-56 四足缩放式步行机器人的平面几何模型

图2-57所示为六足缩放式步行机构的原理,六足缩放式步行机构的每条腿有三个转动关节。行走时,三条腿为一组,足端以相同位移移动,两组相差一定时间间隔进行移动,可以实现 XY 平面内任意方向的行走和原地转动。

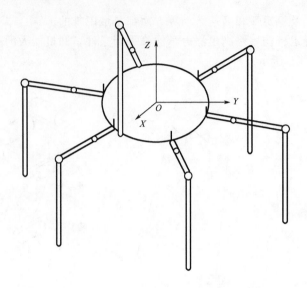

图 2-57　六足缩放式步行机构的原理图

练习与思考

1. 机器人的机械结构由哪几部分组成？
2. 机器人的机身结构有哪几种？

第3章 机器人的驱动系统

学习目标

① 了解工业机器人的驱动方式。
② 掌握液压驱动系统的工作原理。
③ 了解气压驱动系统的组成。
④ 掌握步进电机的结构和原理。

机器人的驱动系统是直接驱使各运动部件动作的机构,对工业机器人的性能和功能影响很大。工业机器人的动作自由度多,运动速度较快,驱动元件本身大多是安装在活动机架(手臂和转台)上的。这些特点要求工业机器人驱动系统的设计必须做到外形小、重量轻、工作平稳可靠。本章介绍机器人的驱动系统,内容包括机器人的直接驱动方式和间接驱动方式;液压、气压、电动驱动的元件与特点;液压驱动系统的组成与工作原理,液压驱动系统的主要设备;气压驱动系统的组成与工作原理,气压驱动系统的主要设备;直流电动机与直流伺服电机的结构原理与参数,步进电机的结构原理。

3.1 机器人驱动方式

机器人是运动的,各个部位都需要能源和动力,因此设计和选择良好的驱动系统是非常重要的。下面介绍机器人驱动系统的几个主要指标、驱动方式、驱动元件、驱动机构和制动机构。

3.1.1 驱动方式

机器人的驱动方式主要分为直接驱动和间接驱动两种,无论何种驱动方式,都是对机器人关节的驱动。

(1) 关节与轴承

在机器人的驱动系统中,关节和轴承是两个非常重要的组成部分,下面分别对两者进行介绍。

① 关节 机器人中连接运动部分的机构称为关节。关节有转动型和移动型,分别称为转动关节和移动关节。

a. 转动关节 转动关节在机器人中简称为关节,是机器人的连接部分,它既连接各机构,又传递各机构间的回转运动(摆动),用于基座与臂部、臂部与臂部、臂部与手部等连接部位。关节由回转轴、轴承和驱动机构组成。如图3-1所示。

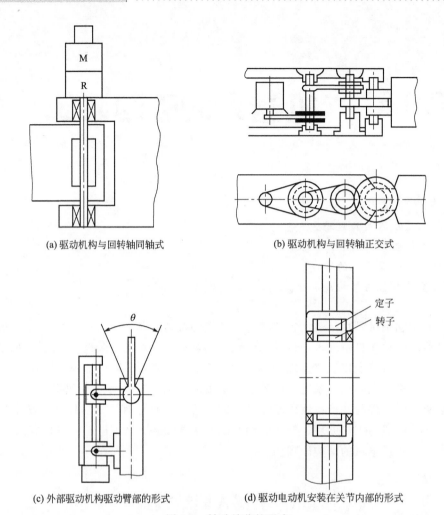

(a) 驱动机构与回转轴同轴式　　(b) 驱动机构与回转轴正交式

(c) 外部驱动机构驱动臂部的形式　　(d) 驱动电动机安装在关节内部的形式

图 3-1　转动关节的形式

- 驱动机构与回转轴同轴式。驱动机构与回转轴同轴式的驱动机构直接驱动回转轴，有较高的定位精度。但是，为减轻重量，要选择小型减速器并增加臂部的刚性。它适用于水平多关节型机器人。
- 驱动机构与回转轴正交式。重量大的减速机构安放在基座上，通过臂部的齿轮、链条传递运动。这种形式适用于要求臂部结构紧凑的场合。
- 外部驱动机构驱动臂部的形式。外部驱动机构驱动臂部的形式适合于传递大转矩的回转运动，采用的传动机构有滚珠丝杠、液压缸和气缸。
- 驱动电动机安装在关节内部的形式。驱动电动机安装在关节内部的形式称为直接驱动形式。

b. 移动关节　移动关节由直线运动机构和在整个运动范围内起直线导向作用的直线导轨部分组成。导轨部分分为滑动导轨、滚动导轨、静压导轨和磁性悬浮导轨等形式。

一般要求机器人导轨间隙小或能消除间隙；在垂直于运动方向上要求刚度高，摩擦系数小且不随速度变化，并有高阻尼、小尺寸和小惯量。通常，由于机器人在速度和精度方面的要求很高，故一般采用结构紧凑且价格低廉的滚动导轨。滚动导轨的分类如下：

- 按滚动体分为球、圆柱滚子和滚针；
- 按轨道分为圆轴式、平面式和滚道式；

- 按滚动体是否循环分为循环式和非循环式。

这些滚动导轨各有特点，装有滚珠的滚动导轨适用于中小载荷和小摩擦的场合，装有滚柱的滚动导轨适用于重载和高刚性的场合。受轻载滚柱的特性接近于线性弹簧，呈硬弹簧特性；滚珠的特性接近于非线性弹簧，刚性要求高时应施加一定的预紧力。

② 轴承　机器人中轴承起着相当重要的作用，用于转动关节的轴承有多种形式，球轴承是机器人结构中最常用的轴承。球轴承能承受径向和轴向载荷，摩擦较小，对轴和轴承座的刚度不敏感。图 3-2(a) 所示为普通向心球轴承，(b) 所示为向心推力球轴承。这两种轴承的每个球和滚道之间只有两点接触（一点与内滚道，另一点与外滚道）。为实现预载，此种轴承必须成对使用。图 3-2(c) 所示为四点接触球轴承。该轴承的滚道是尖拱式半圆，球与每个滚道两点接触，该轴承通过两内滚道之间适当的过盈量实现预紧。因此，四点接触球轴承的优点是无间隙，能承受双向轴向载荷，尺寸小，承载能力和刚度比同样大小的一般球轴承高 1.5 倍；缺点是价格较高。

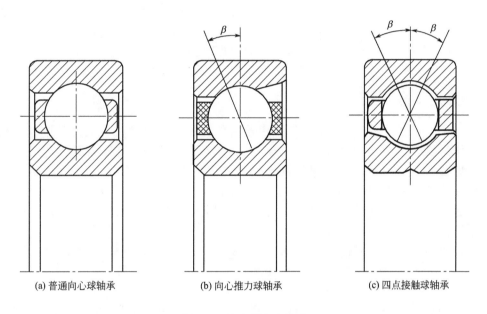

(a) 普通向心球轴承　　(b) 向心推力球轴承　　(c) 四点接触球轴承

图 3-2　基本耐磨球轴承

（2）直接驱动方式

直接驱动方式是指驱动器的输出轴和机器人手臂的关节轴直接相连的方式。直接驱动方式的驱动器和关节之间的机械系统较少，因而能够减少摩擦等非线性因素的影响，控制性能比较好。然而，为了直接驱动手臂的关节，驱动器的输出转矩必须很大。此外，由于不能忽略动力学对手臂运动的影响，控制系统还必须考虑到手臂的动力学问题，如图 3-3 所示。

高输出转矩的驱动器有油缸式液压装置和力矩电动机等，其中液压装置在结构和摩擦等方面的非线性因素很强，所以很难体现出直接驱动的优点。因此，在 20 世纪 80 年代所开发的力矩电动机采用了非线性的轴承机械系统，得到了优良的逆向驱动能力（以关节一侧带动驱动器的输出轴）。使用这样的直接驱动方式的机器人通常称为 DD 机器人（direct drive robot，DDR）。DD 机器人驱动电动机通过机械接口直接与关节连接，驱动电动机和关节之间没有速度和转矩的转换。

日本、美国等工业发达国家已经开发出性能优异的 DD 机器人。美国研制出带有视觉功能的四自由度平面关节型 DD 机器人。日本研制成功了 5 自由度关节型 DD600V 机器人，其性能指标为、最大工作范围为1.2m,可搬重量为5kg,最大运动速度为8.2m/s,重复定位精度为0.05mm。DD机器人的其他优点为:机械传动精度高;振动小,结构刚度好;机械传动损耗小;结构紧凑,可靠性高;电动机峰值转矩大,电气时间常数小,短时间内可以产生很大转矩,响应速度快,调速范围宽;控制性能较好。DD机器人目前主要存在的问题、载荷变化、耦合转矩及非线性转矩对驱动及控制影响显著,使控制系统设计困难和复杂;对位置、速度的传感元件提出了相当高的要求;需开发小型实用的DD电动机;电动机成本高。

(3) 间接驱动方式

间接驱动方式是把驱动器的动力,经过减速器、钢丝绳、传送带或平行连杆等装置后传递给关节。间接驱动方式包含带减速器的电动机驱动和远距离驱动两种。目前大部分机器人的关节是间接驱动。

① 带减速器的电动机驱动 中小型机器人一般采用普通的直流伺服电动机、交流伺服电动机或步进电动机作为机器人的执行电动机,由于电动机速度较高,输出转矩又大于驱动关节所需要的转矩,所以必须使用带减速器的电动机驱动。但是,间接驱动带来了机械传动中不可避免的误差,引起冲击振动,影响机器人系统的可靠性,并增加关节重量和尺寸。由于手臂通常采用悬臂梁结构,因而多自由度机器人关节上安装减速器会使手臂根部关节驱动器的负载增大。

② 远距离驱动方式 远距离驱动将驱动器与关节分离,目的在于减少关节体积,减轻关节重量。一般来说,驱动器的输出转矩都远远小于驱动关节所需要的转矩,因而也需要通过减速器来增大驱动力。远距离驱动的优点在于能够将多自由度机器人关节驱动所必需的多个驱动器设置在合适的位置。由于机器人手臂都采用悬臂梁结构,因而远距离驱动是减轻位于手臂根部关节驱动器负载的一种措施。

3.1.2 驱动元件

驱动元件是执行装置,就是按照信号的指令,将来自电、液压和气压等各种能源的能量转换成旋转运动、直线运动等方式的机械能的装置。按照利用的能源来分,驱动元件主要分为电动执行装置、液压执行装置和气压执行装置,因此,机器人关节的驱动元件有液压驱动元件、气压驱动元件和电动机驱动元件。

(1) 液压驱动元件

液压驱动的输出力和功率很大,能构成伺服机构,常用于大型机器人关节的驱动。美国的Unimate型机器人采用了直线液压缸作为驱动元件。Versatran机器人也使用直线液压缸作为圆柱坐标式机器人的垂直驱动元件和径向驱动元件。

机器人的液压驱动是已有压力的油液作为传递的工作介质。电动机带动油泵输出压力油,将电动机供给的机械能转换成油液的压力能,压力油经过管道及一些控制调节装置等进入油缸,推动活塞杆带动手臂,从而使手臂进行搜索、升降等运动,将油液的压力能又转换成机械

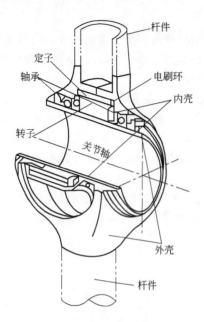

图 3-3 使用力矩电动机的直接驱动方式的关节机构实例

能。手臂在运动时所能克服的摩擦阻力大小，以及夹持式手部夹紧工件时所需保持的握力大小，均与油液的压力和活塞的有效工作面积有关，手臂做各种动作的速度决定于流入密封油缸中油液面积的多少。

机器人采用液压驱动元件的优点：

① 液压容易达到较高的单位面积压力（常用油压为 $25\sim63\text{kgf}/\text{cm}^2$ [1]），体积较小；
② 可以获得较大的推力或转矩；功率/质量比大，可以减小执行装置的体积；
③ 介质可压缩性小，刚度高，工作平稳、可靠，能够实现高速、高精度的位置控制；
④ 在液压传动中，通过流量控制可以实现无级变速，比较容易实现自动控制；
⑤ 液压系统采用油液作为介质，具有防锈和自润滑性能，可以提高机械效率，使用寿命长。

机器人采用液压驱动元件的缺点：

① 油液的黏度随温度变化而变化，影响工作性能，高温容易引起油液燃烧、爆炸等危险；
② 液体的泄漏难于克服，要求液压元件有较高的精度和质量，故造价较高；
③ 需要相应的供油系统，尤其是电液伺服系统要求严格的滤油装置，否则会引起故障；
④ 必须对油的污染进行控制，稳定性较差；
⑤ 液压油源和进油、回油管路等附属设备占空间较大，造价较高。

（2）气压驱动元件

气动驱动机器人是指以压缩空气为动力源驱动的机器人。气压驱动多用于开关控制和顺序控制的机器人。和采用液压驱动元件相比，采用气压驱动元件的特点如下。

采用气压驱动元件的优点：

① 压缩空气黏度小，容易达到高速（1m/s）；
② 利用工厂集中的空气压缩机站供气，不必添加动力设备；
③ 气动元件工作压力低，故制造要求也比液压元件低；
④ 空气介质对环境无污染，使用安全，可直接应用于高温作业。

采用气压驱动元件的缺点：

① 压缩空气常用压力为 0.4~0.6MPa，若要获得较大的力，其结构就要相对增大；
② 空气压缩性大，工作稳定性差，速度控制困难，要达到准确的位置控制很困难；
③ 排气还会造成噪声污染；
④ 压缩空气的除水问题处理不当，会使钢类零件生锈，导致机器人失灵。

（3）电机驱动元件

电动机驱动可分为普通交流电动机驱动，交、直流伺服电动机驱动和步进电动机驱动。

普通交、直流电动机驱动需加减速装置，输出转矩大，但控制性能差，惯性大，适用于中型或重型机器人。伺服电动机和步进电动机输出转矩相对较小，控制性能好，可实现速度和位置的精确控制，适用于中小型机器人。交、直流伺服电动机一般用于闭环控制系统，而步进电动机则主要用于开环控制系统，一般用于对速度和位置精度要求不高的场合。电动机使用简单，且随着材料性能的提高，电动机性能也逐渐提高。所以总的看来，目前机器人关节驱动逐渐为电动机驱动所代替。

（4）各种驱动元件的特点

各种驱动元件的特点如表 3-1 所示。

---

[1] $1\text{kgf}/\text{cm}^2=10^5\text{Pa}$。

表 3-1　各种驱动元件特点的比较

驱动元件		特点					
		输出力	控制性能	维修使用	结构体积	使用范围	制造成本
液压驱动元件		压力大,可获得大的输出力	油液不可压缩,压力、流量均容易控制,可无级调速,反应灵敏,可实现连续轨迹控制	液体对温度变化敏感,油液泄漏易着火	在输出力相同的情况下,体积比气压驱动方式小	中、小型及重型机器人	液压元件成本较高比较复杂
气压驱动元件		气压压力低,输出功率较小,若需要输出力大,其结构尺寸过大	可高速控制,但冲击较严重,精确定位困难。气体压缩性大,阻尼效果差,低速不易控制,不易与CPU连接	维修简单,能在高温、粉尘等恶劣环境中使用,泄漏无影响	体积较大	中、小型机器人	结构简单,能源获取方便,成本低
电动机驱动元件	异步电动机、直流电动机	输出功率较大	控制性能较差,惯性大,不易精确定位	维修使用方便	需要减速装置,体积较大	速度低、持重大的机器人	成本低
	步进电动机、伺服电动机	输出功率较小	容易与CPU连接,控制性能好,响应快,可精确定位,但控制系统复杂	维修使用较复杂	体积较小	程序复杂,运动轨迹要求严格的机器人	成本较高

3.1.3　驱动机构

驱动机构分为直线驱动机构、旋转驱动机构和行走驱动机构。

(1) 直线驱动机构

机器人采用的直线驱动包括直角坐标结构的 x、y、z 向驱动,圆柱坐标结构的径向驱动和垂直升降驱动,以及球坐标结构的径向伸缩驱动。直线运动可以直接由气缸或液压缸与活塞产生,也可以采用齿轮齿条、丝杠螺母等传动方式把旋转运动转换成直线运动。

(2) 旋转驱动机构

多数普通电动机和伺服电动机都能够直接产生旋转运动,但其输出转矩比所需要的转矩小,转速比所需要的转速高。因此,需要采用各种减速装置把较高的转速转换成较低的转速,以获得较大的转矩,有时也采用直线液压缸或直线气缸作为动力源,这就需要把直线运动转换成旋转运动。由于旋转驱动具有旋转轴强度高、摩擦小、可靠性好等优点,因此在结构设计中较多采用。

(3) 行走机构的驱动

在行走机构关节中,完全采用旋转驱动实现关节伸缩时,旋转运动虽然也能转化得到直线运动,但在高速运动时,关节伸缩的加速度不能忽视,它可能产生振动。为了提高着地点选择的灵活性,还必须增加直线驱动系统。因此,许多情况采用直线驱动更为合适。直线气缸仍是目前所有驱动装置中最廉价的动力源,凡能够使用直线气缸的地方,还是应该选用它。有些要求精度高的地方也要选用直线驱动。

3.2 机器人液压驱动系统

液压控制技术的历史最早可以追溯到公元前 240 年,一位古埃及人发明的液压伺服机构——水钟。而液压控制技术的快速发展,则是在 18 世纪欧洲工业革命时期,许多非常实用的发明涌现出来,多种液压机械装置特别是液压阀得到开发和利用,使液压技术的影响力大增。18 世纪出现了泵、水压机及水压缸等。19 世纪初液压技术取得了重大的进展,其中包括采用油作为工作流体及首次用电来驱动方向控制阀等。第二次世界大战期间及战后,电液技术的发展加快,出现了两级电液伺服阀、喷嘴挡板元件以及反馈装置等。20 世纪 50~60 年代则是电液元件和技术发展的高峰期,电液伺服阀控制技术在军事应用中大显身手,特别是在航空航天上的应用。这些应用最初包括雷达驱动、制导平台驱动及导弹发射架控制等,后来又扩展到导弹的飞行控制、雷达天线的定位、飞机飞行控制系统的增强稳定性、雷达磁控管腔的动态调节以及飞行器的推力矢量控制等。电液伺服驱动器也被用于空间运载火箭的导航和控制。电液控制技术在非军事工业上的应用也越来越多,最主要的是机床工业。在早些时候,数控机床的工作台定位伺服装置中多采用电液系统(通常是液压伺服马达)来代替人工操作,其次是工程机械。在以后的几十年中,电液控制技术的工业应用又进一步扩展到工业机器人控制、塑料加工、地质和矿藏探测、燃气或蒸汽涡轮控制及可移动设备的自动化等领域。

液压驱动的特点是功率大,结构简单,可以省去减速装置,能直接与被驱动的连杆相连,响应快,伺服驱动具有较高的精度,但需要增设液压源,而且易产生液体泄漏,故目前多用于特大功率的机器人系统。在机器人发展的过程中,液压驱动是较早被采用的驱动方式,世界上首先问世的商业机器人 Unimate 即是液压机器人。液压驱动主要用于大中型机器人和有防爆要求的机器人,例如喷漆机器人。

3.2.1 液压伺服系统的组成及工作特点

(1) 液压伺服系统的组成

液压泵将压力油供到伺服阀,给定位置指令值与位置传感器的实测值之差经过放大器放大后送到伺服阀。当信号输入伺服阀时,压力油被供到驱动器并驱动载荷。当反馈信号与输入指令值相同时,驱动器便停止工作。伺服阀在液压伺服系统中是不可缺少的一部分,它利用电信号实现液压系统的能量控制。在响应快、载荷大的伺服系统中往往采用液压驱动器,原因在于液压驱动器的输出功率与质量之比最大,如图 3-4 所示。

(2) 液压伺服系统的工作特点

① 在液压伺服系统的输入和输出之间存在反馈连接,从而组成了闭环控制系统。反馈介质可以是机械的、电气的、气动的、液压的或它们的组合形式。

② 系统的主反馈是负反馈,即反馈信号与输入信号相反,用两者比较得到的偏差信号来控制液压源,控制输入液压元件的流量,使其向减小偏差的方向移动,即以偏差来减小偏差。

③ 系统输入信号的功率很小,但输出功率却可以很大,因此它是一个功率放大装置,功率放大所需的能量由液压源提供。液压源提供能量的大小是根据伺服系统偏差大小自动进行控制的。

3.2.2 电液伺服系统

(1) 电液伺服系统的组成

电液伺服系统通过电气传动方式,用电气信号输入系统来操作有关的液压驱动元件动作,

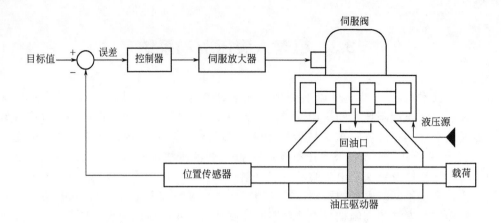

图 3-4 液压伺服系统的组成

控制液压执行元件,使其跟随输入信号而动作。在这类伺服系统中,电、液两部分都采用电液伺服阀作为转换元件,如图 3-5 所示。

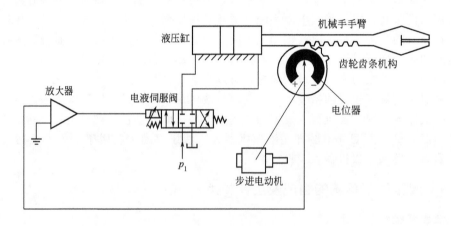

图 3-5 机械手手臂伸缩运动的电液伺服系统原理图

(2)电液伺服系统的工作过程

当数控装置发出一定数量的脉冲时,步进电动机就会带动电位器的动触头转动。假设顺时针转过一定的角度 β,这时电位器输出电压为 u,经放大器放大后输出电流 i,使电液伺服阀产生一定的开口量。这时,电液伺服阀处于左位,压力油进入液压缸左腔,活塞杆右移,带动机械手手臂右移,液压缸右侧的油液经电液伺服阀返回油箱。此时,机械手手臂上的齿条带动齿轮也顺时针转动,当其转动角度 $\alpha=\beta$ 时,动触头回到电位器的中位,电位器输出电压为零,相应放大器输出电流为零。电液伺服阀回到中位,液压油路被封锁,手臂即停止运动。当数控装置发出反向脉冲时,步进电动机逆时针方向旋转,与前述过程相反,机械手手臂就会缩回,如图 3-6 所示。

3.2.3 液压驱动系统的工作原理

液压驱动系统的工作原理如图 3-7 所示。电动机驱动液压泵 2 从油箱 1 中吸油送至输送管路中,经过换向阀 4 改变液压油的流动方向,再经过节流阀 6 调整液压油的流量,图 3-7(a)所示的换向阀位置是液压油经换向阀进入液压缸 5 左侧空腔,推动活塞右移。液压缸活塞右侧

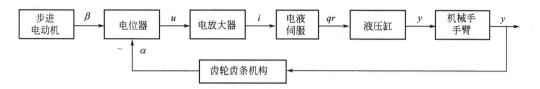

图 3-6　机械手手臂伸缩运动的伺服系统框图

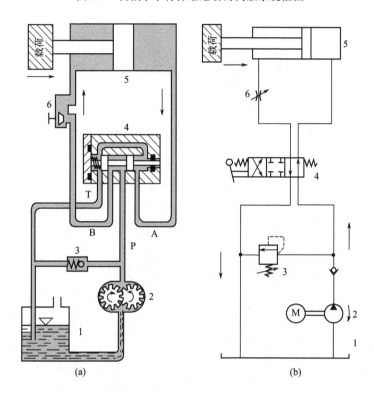

图 3-7　液压驱动系统的工作原理
1—油箱；2—液压泵；3—溢流阀；4—换向阀；5—液压缸；6—节流阀

腔内液压油经过换向阀已经开通的回油管，液压油降压，流回油箱。

若将操作换向阀至图 3-7(b) 所示位置，则有一定压力的液压油进入液压缸活塞右腔。活塞左侧空腔中的液压油经换向阀流回油箱。操作手柄的进出动作变换了液压油输入油缸的方向，推动活塞左右移动，液压泵输出的油压力按液压缸活塞工作能量需要由溢流阀 3 调整控制。在溢流阀调压控制时，多余的液压油经溢流阀流回油箱。

3.2.4　液压驱动系统的主要设备

液压驱动系统的主要设备有液压缸和液压阀，其中液压缸分为直线液压缸和液压电动机，液压阀主要分为单向阀和换向阀。

(1) 液压缸

液压缸是将液压能转变为机械能、做直线往复运动或摆动运动的液压执行元件。它结构简单，工作可靠。用液压缸实现往复运动时，可免去减速装置，且没有传动间隙，运动平稳，因此在各种机械的液压系统中得到广泛应用。

① 直线液压缸　用电磁阀控制的直线液压缸是最简单和最便宜的开环液压驱动装置。在

直线液压缸的操作中，可以通过受控节流口调节流量，在机械部件到达运动终点时实现减速，使停止过程得到控制。无论是直线液压缸或旋转液压电动机，它们的工作原理都是基于高压油对活塞或叶片的作用。液压油是经控制阀被送到液压缸的一端的，在开环系统中，阀是由电磁铁控制的；在闭环系统中，阀则是用电液伺服阀来控制的，如图3-8所示。

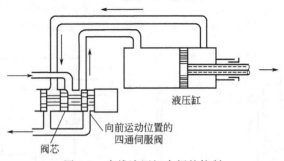

图 3-8　直线液压缸中阀的控制

② 液压电动机　液压电动机又称为旋转液压电动机，是液压系统的旋转式执行元件，如图3-9所示。

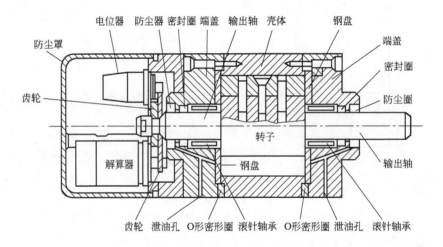

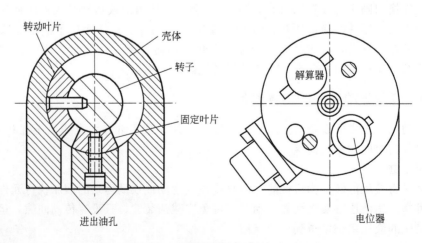

图 3-9　旋转液压电动机

旋转液压电动机的壳体由铝合金制成,转子是钢制的。密封圈和防尘圈分别用来防止液压油的外泄和保护轴承。在电液阀的控制下,液压油经进油口进入,并作用于固定在转子的叶片上,使转子转动。隔板用来防止液压油短路。通过一对由消隙齿轮带动的电位器和一个解算器,给出转子的位置信息。电位器给出粗略值,而精确位置由解算器测定。当然,液压电动机整体的精度不会超过驱动电位器和解算器的齿轮系精度。

(2) 液压阀

液压阀主要分为单向阀和换向阀两种。

① 单向阀　单向阀只允许油液向某一方向流动,而反向截止,这种阀也称为止回阀,如图 3-10 所示。单向阀是流体只能沿进口流动,出口介质无法回流,用于液压系统中防止油流反向流动,或者用于气动系统中防止压缩空气逆向流动。单向阀有直通式和直角式两种。直通式单向阀用螺纹连接安装在管路上。直角式单向阀有螺纹连接、板式连接和法兰连接三种形式。

对单向阀的性能要求主要有:当油液通过单向阀流动时压力损失要小;而当油液反向流入时,阀口的密封性要好,无泄漏;工作时不应有振动、冲击和噪声。

如图 3-10 所示,压力油从 P_1 进入,克服弹簧力推动阀芯,使油路接通,压力油从 P_2 流出;当压力油从反向进入时,油液压力和弹簧力将阀芯压紧在阀座上,油液不能通过。

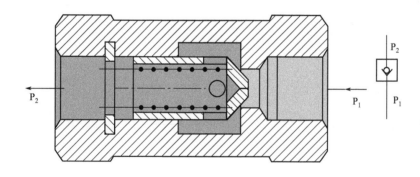

图 3-10　单向阀

② 换向阀　换向阀是具有两种以上流动形式和两个以上油口的方向控制阀,是实现液压油流的沟通、切断和换向,以及压力卸载和顺序动作控制的阀门。靠阀芯与阀体的相对运动的方向控制阀,有转阀式和滑阀式两种。按阀芯在阀体内停留的工作位置数分为二位、三位等;按与阀体相连的油路数分为二通、三通、四通和六通等;操作阀芯运动的方式有手动、机动、电动、液动、电液等型式。

a. 滑阀式换向阀　滑阀式换向阀是靠阀芯在阀体内做轴向运动,使相应的油路接通或断开的换向阀。其换向原理如图 3-11 所示。当阀芯处于图 3-11(a) 所示位置时,P 与 B、A 与 T 相连通,活塞向左运动;当阀芯处于图 3-11(b) 所示位置时,P 与 A、B 与 T 相连通,活塞向右运动。

b. 手动换向阀　手动换向阀用于手动换向。

c. 机动换向阀　机动换向阀用于机械运动中,作为限位装置限位换向,如图 3-12 所示。

d. 电磁换向阀　电磁换向阀用于在电气装置或控制装置发出换向命令时,改变流体方向,从而改变机械运动状态。三位四通电磁换向阀如图 3-13 所示。

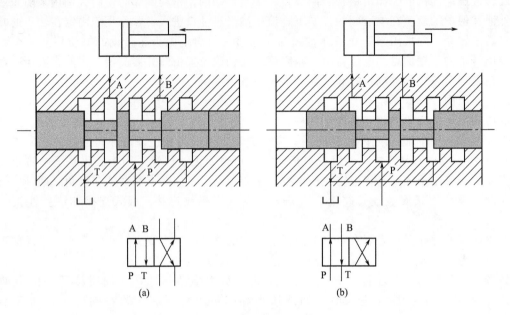

图 3-11 换向阀的换向原理

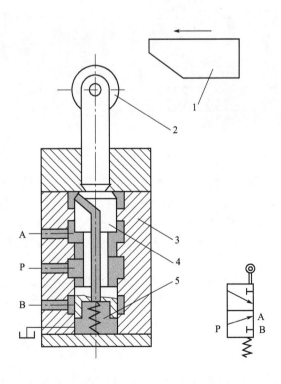

图 3-12 机动换向阀
1—行程挡块；2—滚轮；3—阀体；4—阀芯；5—弹簧

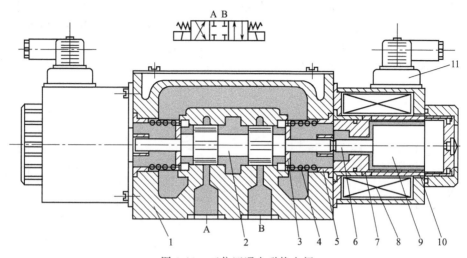

图 3-13 三位四通电磁换向阀
1—阀体；2—阀芯；3—定位器；4—弹簧；5—挡块；6—4t 杆；7—环；
8—线圈；9—衔铁；10—导套；11—插头

3.3 机器人气压驱动系统

气压传动是在机械、电气、液压传动之后，近几十年才被广泛应用的一种传动方式，它是以压缩空气为工作介质来进行能量和信号的传递。气压系统的工作原理是利用空压机把电动机输出的机械能转换为空气的压力能，然后在控制元件的作用下，通过执行元件把压力能转换为直线运动或回转运动形式的机械能，从而完成各种动作并对外做功。

气压传动的应用历史非常悠久。早在公元前，埃及人就开始利用风箱产生压缩空气用于助燃。后来，人们懂得用空气作为工作介质传递动力做功，如古代利用自然风力推动风车、带动水车提水灌溉、利用风能航海。从 18 世纪的产业革命开始，气压传动逐渐被应用于各类行业中，如矿山用的风钻、火车的刹车装置、汽车的自动开关门等。

气压系统是由 4 部分组成的，分别为起源装置、气动控制元件、气动执行元件和辅助元件。

3.3.1 气源装置

气源装置是获得压缩空气的装置，其主体部分是空气压缩机，它将原动机供给的机械能转变为气体的压力能。

气压驱动系统中的气源装置为气动系统提供符合使用要求的压缩空气，它是气压传动系统的重要组成部分。由空气压缩机产生的压缩空气必须经过降温、净化、减压、稳压等一系列处理后，才能供给控制元件和执行元件使用。用过的压缩空气排向大气时，会产生噪声，应采取措施，降低噪声，改善劳动条件和环境质量。

(1) 空气压缩站的设备组成

压缩空气站的设备一般包括产生压缩空气的空气压缩机和使气源净化的辅助设备。

在图 3-14 中，空气压缩机用于产生压缩空气，一般由电动机带动。其吸气口装有空气过滤器，以减少进入空气压缩机的杂质量。后冷却器用于降温冷却压缩空气，使净化的水凝结出来。油水分离器用于分离并排出降温冷却的水滴、油滴、杂质等。储气罐用于储存压缩空气，稳定压缩空气的压力,并除去部分油分和水分。干燥器用于进一步吸收或排除压缩空气中的水分和油分,使之成为干燥空气。过滤器用于进一步过滤压缩空气中的灰尘、杂质颗粒。储气罐4输出的压缩空气可用于一般要求的气压传动系统,储气罐7输出的压缩空气可用于要求较高的气动系统(气动仪表及射流元件组成的控制回路等)。

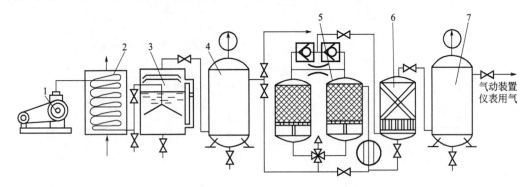

图 3-14 压缩空气站设备组成及布置示意图
1—空气压缩机;2—后冷却器;3—油水分离器;4,7—储气罐;5—干燥器;6—过滤器

(2) 空气过滤减压器

空气过滤减压器也称为调压阀,其由空气过滤器、减压阀和油雾器组成,合称为气动三大件。减压阀是其中不可缺少的一部分,其将较高的进口压力调节并降低到要求的出口压力,并能保证出口压力稳定,即起到减压和稳压作用。气动减压阀按压力调节方式,分为直动式减压阀和先导式减压阀,后者适用于较大通径的场合,直动式减压阀用得最多,如图3-15所示。

空气过滤减压器是最典型的附件。它用于净化来自空气压缩机的压缩空气,并能把压力调整到所需的压力值,且具有自动稳压的功能。图3-15空气过滤减压器是以力平衡原理动作的。当来自空气压缩机的空气输入过滤减压器的输入端后,进入过滤器气室A。由于旋风盘5的作用,使气流旋转并将空气中的水分分离出一部分,在壳体底部沉降下来。当气流经过过滤件4时,进行除水、除油、除尘,空气得到净化后输出。

当调节手轮按逆时针方向拧到不动时,过滤减压器没有输出压力,气路被球体阀瓣3切断。若按顺时针方向转动手轮,则活动弹簧座把给定弹簧1往下压,弹簧力通过膜片2把球体阀瓣打开,使气流经过球体阀瓣流到输出管路。与此同时,气压通过反馈小孔进入反馈气室B,压力作用在膜片上,将产生一个向上的力。若此力与给定弹簧所产生的力相等,则过滤减压器达到力平衡,输出压力就稳定下来。给定弹簧的作用力越大,输出的压力就越高。因此,调节手轮就可以调节给定值。

在安装过滤减压器时,必须按箭头方向或"输入""输出"方向,分别与管道连接。减压器正常工作时,一般不需要特殊维护。使用半年之后检修一次。当过滤

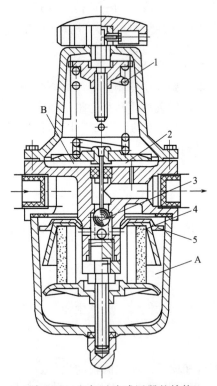

图 3-15 空气过滤减压器的结构
1—给定弹簧;2—膜片;3—球体阀瓣;
4—过滤件;5—旋风盘;A、B—气室

元件阻塞时，可将其拆下，放在10%的稀盐酸溶液中煮沸，用清水漂净，烘干之后继续使用。

3.3.2 动控制元件

气动控制元件是用来控制压缩空气的压力、流量和流动方向的，以便使执行机构完成预定的工作循环，它包括各种压力控制阀、流量控制阀和方向控制阀。

(1) 压力控制阀

① 压力控制阀的作用及分类　气压系统不同于液压系统，一般每一个液压系统都自带液压源（液压泵）；而在气压系统中，一般来说由空气压缩机先将空气压缩，储存在储气罐内，然后经管路输送给各个气动装置使用。储气罐的空气压力往往比各台设备实际所需要的压力高些，同时其压力波动值也较大。因此，需要用减压阀（调压阀）将其压力减到每台装置所需的压力，并使减压后的压力稳定在所需压力值上。

有些气动回路需要依靠回路中压力的变化来控制两个执行元件的顺序动作，所用的阀就是顺序阀。顺序阀与单向阀的组合称为单向顺序阀。

为了安全起见，所有的气动回路或储气罐，当压力超过允许压力值时，需要自动向外排气，这种压力控制阀称为安全阀（溢流阀）。

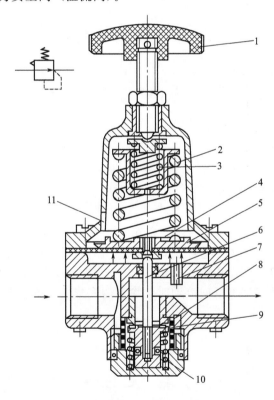

图 3-16　直动式减压阀的结构

1—调节手柄；2,3—调压弹簧；4—溢流口；5—膜片；6—阀杆；7—阻尼管；8—阀芯；
9—阀座；10—复位弹簧；11—排气孔

② 减压阀　图 3-16 为直动式减压阀的结构，其工作原理如下：当阀处于工作状态时，调节手柄 1、调压弹簧 2 和 3，膜片 5 通过阀杆 6 使阀芯 8 下移，进气阀口被打开，有压气流从左端输入，经阀口节流减压后从右端输出。输出气流的一部分由阻尼管 7 进入膜片气室，在膜片 5 的下方产生一个向上的推力，这个推力总是企图把阀口开度关小，使其输出压力下降，当

作用于膜片上的推力与弹簧力相平衡后，减压阀的输出压力便保持一定。

当输入压力发生波动时，如输入压力瞬时升高，输出压力也随之升高，作用于膜片 5 上的气体推力也随之增大，破坏了原来力的平衡，使膜片 5 向上移动，有少量气体经溢流口 4、排气孔 11 排出。在膜片上移的同时，因复位弹簧 10 的作用，使输出压力下降，直到新的平衡为止。重新平衡后的输出压力又基本恢复至原值。反之，输出压力瞬时下降，膜片下移，进气口开度增大，节流作用减小，输出压力又基本回升至原值。

调节手柄 1 使调压弹簧 2、3 恢复自由状态，输出压力降至零，阀芯 8 在复位弹簧 10 的作用下，关闭进气阀口。这样，减压阀便处于截止状态，无气流输出。

安装减压阀时，要按气流的方向和减压阀上所示的箭头方向，依照空气过滤器—减压阀—油雾器的次序进行安装。调压时应由低向高调，直至达到规定的调压值为止。阀不用时应把手柄放松，以免膜片经常受压变形。

(2) 顺序阀

顺序阀是依靠气路中压力的作用而控制执行元件按顺序动作的压力控制阀，如图 3-17 所示，它根据弹簧的预压缩量来控制其开启压力。当输入压力达到或超过开启压力时，顶开弹簧，于是 P 到 A 才有输出；反之，A 无输出。

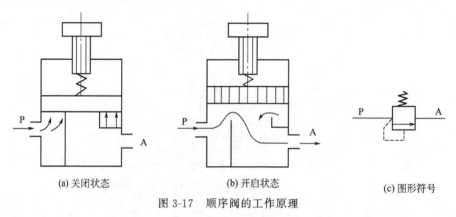

图 3-17 顺序阀的工作原理

顺序阀很少单独使用，往往与单向阀配合在一起，构成单向顺序阀。图 3-18 所示为单向顺序阀的工作原理。当压缩空气由左端进入阀腔后，作用于活塞 3 上的力超过压缩弹簧 2 上的力时，将活塞顶起，压缩空气从 P 经 A 输出，如图 3-18(a) 所示，此时单向阀 4 在压差力及弹簧力的作用下处于关闭状态。反向流动时，输入侧变成输出侧，输出侧压力将顶开单向阀

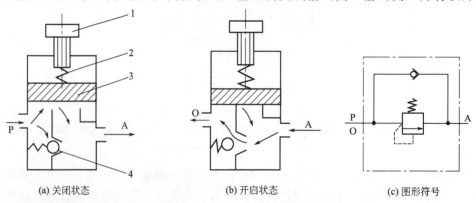

图 3-18 单向顺序阀的工作原理

1—调节手柄；2—压缩弹簧；3—活塞；4—单向阀

4，由 O 口排气，如图 3-18(b) 所示。

调节旋钮就可改变单向顺序阀的开启压力，以便在不同的开启压力下控制执行元件的顺序动作。

(3) 流量控制阀

在气压传动系统中，有时需要控制气缸的运动速度，有时需要控制换向阀的切换时间和气动信号的传递速度，这些都需要通过调节压缩空气的流量来实现。流量控制阀就是通过改变阀的通流截面积来实现流量控制的元件。流量控制阀包括节流阀、单向节流阀、排气节流阀和快速排气阀等。

① 节流阀　节流阀是通过改变节流截面或节流长度以控制流体流量的阀门。对节流阀的性能要求是：流量调节范围大，流量-压差变化平滑；内泄漏量小，若有外泄漏油口，外泄漏量也要小；调节力矩小，动作灵敏。压缩空气由 P 口进入，经过节流后，由 A 口流出。旋转阀芯螺杆，就可改变节流口的开度，这样就调节了压缩空气的流量。这种节流阀因结构简单、体积小，应用范围较广。如图 3-19 所示。

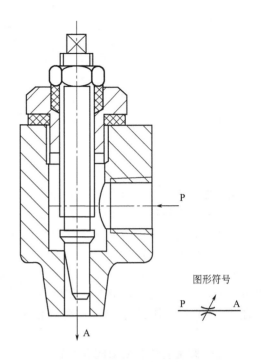

图 3-19　节流阀（圆柱斜切型）的工作原理

② 单向节流阀　单向节流阀是由单向阀和节流阀并联而成的组合式流量控制阀。当气流沿 P—A 方向流动时，如图 3-20(a) 所示，气流经过节流阀节流；如图 3-20(b) 所示，气流反方向沿 A—P 方向流动时，单向阀打开，不节流。单向节流阀常用于气缸的调速和延时回路。

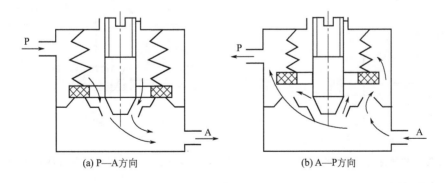

图 3-20　单向节流阀的工作原理

③ 排气节流阀　排气节流阀是装在执行元件的排气口处，调节进入大气中气体流量的一种控制阀。它不仅能调节执行元件的运动速度，还常带有消声器件，能起降低排气噪声的作用。

排气节流阀的工作原理和节流阀类似，靠调节节流口 1 处的通流截面积来调节排气流量，由消声套 2 来减小排气噪声，如图 3-21 所示。

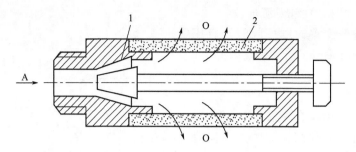

图 3-21　排气节流阀的工作原理
1—节流口；2—消声套

应当指出，用流量控制的方法控制气缸内活塞的运动速度时，采用气压控制比采用液压控制困难，特别是在极低速控制中，要按照预定行程变化来控制速度，只用气动很难实现。在外部负载变化很大时，仅用气动流量阀也不会得到满意的调速效果。为提高零部件的运动平稳性，建议采用气液联动控制。

如图 3-22(a) 所示，压缩空气从进气口 P 进入，并将密封活塞迅速上推，开启阀口，同时关闭排气口 O，使进气口 P 和工作口 A 相通。如图 3-22(b) 所示，P 口没有压缩空气进入时，在 A 口和 P 口压差作用下，密封活塞迅速下降，关闭 P 口，使 A 口通过 O 口快速排气。

快速排气阀常安装在换向阀和气缸之间。快速排气阀使气缸的排气不用通过换向阀而快速排出，从而加速了气缸的往复运动速度，缩短了工作周期，如图 3-23 所示。

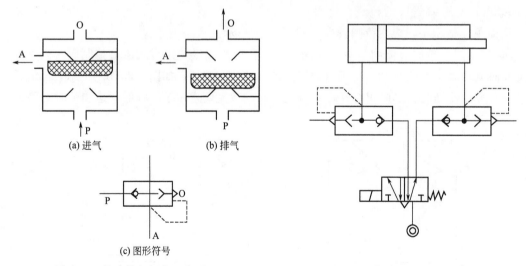

图 3-22　快速排气阀的工作原理　　　　图 3-23　快速排气阀在回路中的应用

(4) 方向控制阀

方向控制阀是气压传动系统中通过改变压缩空气的流动方向和气流的通断，来控制执行元件启动、停止及运动方向的气动元件。根据方向控制阀的功能、控制方式、结构方式、阀内气流的方向及密封形式等，方向控制阀可以分为以下 5 类。

① 气压控制转换阀　气压控制换向阀是以压缩空气为动力切换气阀，使气路换向或通断的阀类。气压控制换向阀的用途很广，多用于组成全气阀控制的气压传动系统或易燃、易爆、高净化等场合。

a. 单气控加压式换向阀　图3-24所示为单气控加压截止式换向阀的工作原理。图3-24(a)所示为无气控信号状态（常态），此时，阀芯在弹簧的作用下处于上端位置，使阀口A与O相通，A口排气。图3-24(b)所示为有气控信号状态（动力阀状态）。由于气压力的作用，阀芯压缩弹簧下移，使阀口A与O断开，P与A接通，A口有气体输出。图3-24(c)所示为该阀的图形符号。

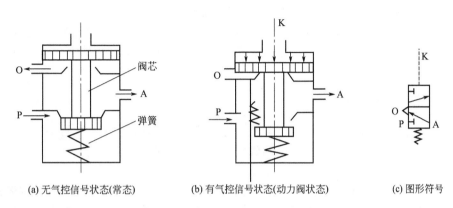

图 3-24　单气控加压截止式换向阀的工作原理

单气控截止式换向阀的结构简单、紧凑、密封可靠、换向行程短，但换向力大。若将气控接头换成电磁头（电磁先导阀），可变气控阀为先导式电磁换向阀，如图3-25所示。

b. 双气控加压式换向阀　图3-26(a)所示为有气控信号状态（K_2），此时，阀停在左边，其通路状态是P与A，B与O相通。图3-26(b)所示为有气控信号状态（K_1），此时信号K_2已不存在，阀芯换位，其通路状态变为P与B、A与O相通。双气控滑阀具有记忆功能，即气控信号消失后，阀仍能保持在有信号时的工作状态。

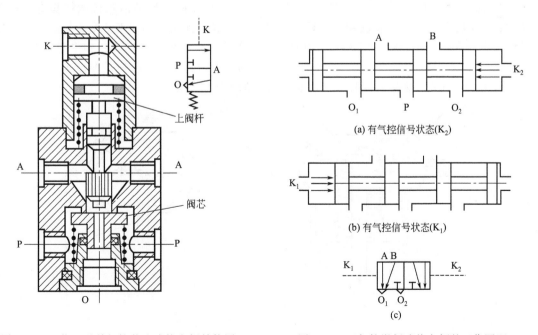

图 3-25　二位三通单气控截止式换向阀结构图　　图 3-26　双气控滑阀式换向阀的工作原理

② 电磁控制转向阀　电磁控制换向阀利用电磁力的作用来实现阀的切换，以控制气流的

流动方向。常用的电磁控制换向阀有直动式和先导式两种。

③ 机械控制转向阀　机械控制换向阀又称为行程阀,多用于行程程序控制,作为信号阀使用。常依靠凸轮、挡块或其他机械外力推动阀芯,使阀换向。

④ 人力控制转向阀　人力控制换向阀有手动及脚踏两种操纵方式。手动阀的主体部分与气控阀类似,其操纵方式有多种,如按钮式、旋钮式、锁式及推拉式等。

⑤ 时间控制转向阀　时间控制换向阀是使气流通过气阻(如小孔、缝隙等)节流后到气容(储气空间)中,经一定的时间先使气容内建立起一定的压力后,使阀芯换向的阀类。在不允许使用时间继电器(电控制)的场合(易燃、易爆、粉尘大等),用气动时间控制就显出其优越性。

3.3.3　气动执行元件

气动执行元件是将压缩空气的压力能转换为机械能的装置,它包括气缸和气动电动机。气缸用于直线往复运动或者摆动,气动电动机用于实现连续回转运动。

(1) 气缸

气缸是气动系统的执行元件之一。除几种特殊气缸外,普通气缸的种类及结构形式与液压缸基本相同。目前最常用的是标准气缸,其结构和参数都已系列化、标准化和通用化。标准气缸通常有无缓冲普通气缸和有缓冲普通气缸等。较为典型的特殊气缸有气液阻尼缸、薄膜式气缸和冲击式气缸等。

① 气液阻尼缸　普通气缸工作时,由于气体有压缩性,当外部载荷变化较大时,会产生"爬行"或"自走"现象,使气缸的工作不稳定。为了使气缸运动平稳,普遍采用气液阻尼缸。

气液阻尼缸中一般用双活塞杆缸作为液压缸。因为这样可使液压缸两腔的排油量相等,此时油箱内的油液只用来补充因液压缸泄漏而减少的油量,一般用油杯就可以了。

② 薄膜式气缸　薄膜式气缸是一种利用压缩空气通过膜片推动活塞杆做往复直线运动的气缸。它由缸体、膜片、膜盘和活塞杆等主要零件组成。其功能类似于活塞式气缸,分单作用式和双作用式两种,如图 3-27 所示。薄膜式气缸的膜片可以做成盘形膜片和平膜片两种形式。膜片材料为夹织物橡胶、钢片或磷青铜片,常用的是夹织物橡胶,橡胶的厚度为 5～6mm,有时也可为 1～3mm。金属式膜片只用在行程较小的薄膜式气缸中。

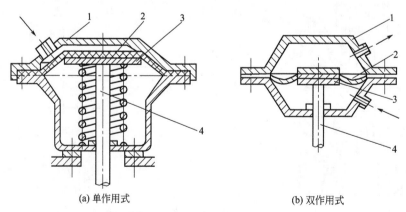

图 3-27　薄膜式气缸的结构简图
1—缸体；2—膜片；3—膜盘；4—活塞杆

③ 冲击式气缸　冲击式气缸是一种体积小、结构简单、易于制造、耗气功率小,但能产

生相当大的冲击力的特殊气缸。与普通气缸相比，冲击式气缸的结构特点是增加了一个具有一定容积的蓄能腔和喷嘴。

与活塞式气缸相比，薄膜式气缸具有结构简单、紧凑、制造容易、成本低、维修方便、寿命长、泄漏小、效率高等优点。但是，薄膜式气缸的膜片的变形量有限，故其行程短（一般为40～50mm），且气缸活塞杆上的输出力随着行程的加大而减小。

冲击式气缸的整个工作过程可简单地分为以下 3 个阶段。

a. 压缩空气由孔 A 输入冲击缸的下腔，蓄气缸经孔 B 排气，活塞上升并用密封垫封住喷嘴，中盖和活塞间的环形空间经排气孔与大气相通，如图 3-28(a) 所示。

b. 压缩空气改由孔 B 进气，压缩空气进入蓄气缸中，冲击缸下腔，经孔 A 排气。由于活塞上端气压作用在面积较小的喷嘴上，而活塞下端受力面积较大（一般设计成喷嘴面积的 9 倍），冲击缸下腔的压力虽因排气而下降，但此时活塞下端向上的作用力仍然大于活塞上端向下的作用力，如图 3-28(b) 所示。

c. 蓄气缸的压力继续增大，冲击缸下腔的压力继续降低，当蓄气缸内的压力高于冲击缸下腔压力 9 倍时，活塞开始向下移动。活塞一旦离开喷嘴，蓄气缸内的高压气体迅速充入活塞与中间盖间的空间，使活塞上端受力面积突然增加 9 倍，于是活塞将以极大的加速度向下运动，气体的压力能转换成活塞的动能。在冲程达到一定时，获得最大冲击速度和能量，对工件做功，产生很大的冲击力，如图 3-28(c) 所示。

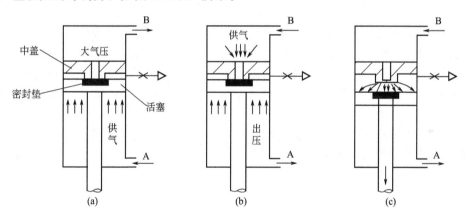

图 3-28　冲击式气缸的工作原理

(2) 气动电动机

气动电动机也是气动执行元件的一种。它的作用相当于电动机或液压电动机，即输出转矩，拖动机构做旋转运动。气动电动机是以压缩空气为工作介质的原动机，如图 3-29 所示。

气动电动机按结构形式可分为叶片式气动电动机、活塞式气动电动机和齿轮式气动电动机等。最常见的是活塞式气动电动机和叶片式气动电动机。叶片式气动电动机制造简单，结构紧凑，但低速运动转矩小，低速性能不好，适用于中、低功率的机械。活塞式气动电动机在低速情况下有较大的输出功率，低速性能好，适用于载荷较大和要求低速转矩的机械，如起重机、绞车、绞盘、拉管机等。

各类形式的气动电动机尽管结构不同，工作原理有区别，但大多数气动电动机有如下的特点。

① 可以无级调速。只要控制进气阀或排气阀的开度，即可控制压缩空气的流量，就能调节电动机的输出功率和转速。

② 既能正转也能反转。大多数气动电动机用操纵阀即可改变电动机进气和排气方向，

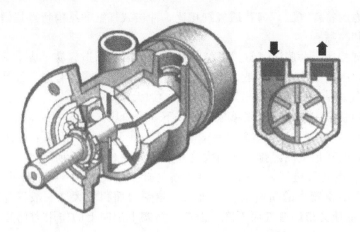

图 3-29 气动电动机

即能实现气动电动机输出轴的正转和反转,并可以瞬时换向,且在正反向转换时冲击很小。气马达换向工作的一个主要优点是它具有几乎在瞬时可升到全速的能力。叶片式气马达可在一转半的时间内升至全速;活塞式气马达可以在不到 1s 的时间内升至全速。利用操纵阀改变进气方向,便可实现正反转。实现正反转的时间短,速度快,冲击性小,而且不需卸负荷。

③ 工作安全,不受振动、高温、电磁、辐射等影响,适用于恶劣的工作环境,在易燃、易爆、高温、振动、潮湿、粉尘等不利条件下均能正常工作。

④ 有过载保护作用,不会因过载而发生故障。过载时,气动电动机只是转速降低或停止,当过载解除后,即可以重新正常运转,并不产生机件损坏等故障。气动电动机可以长时间满载连续运转,温升较小。

⑤ 具有较高的启动转矩,可以直接带载荷启动。启动、停止均迅速。

⑥ 功率范围及转速范围较宽。功率小至几百瓦,大至几万瓦;转速可从零一直到每分钟几万转。

⑦ 操纵方便,维护检修较容易。气动电动机具有结构简单、体积小、重量轻、功率大、操纵容易、维护方便等优点。

⑧ 使用空气作为介质,无供应上的困难,用过的空气不需处理,释放到大气中无污染。压缩空气可以集中供应或远距离输送。

⑨ 输出功率相对较小,最大只有 20kW 左右。

⑩ 耗气量大,效率低,噪声大。

3.4 机器人电气驱动系统

电动驱动是指利用电动机产生的力或力矩,直接或经过减速机构驱动机器人的关节,以获得所要求的位置、速度和加速度。电气驱动具有环境无污染、易于控制、运动精度高、成本低及驱动效率高等优点,应用最为广泛。电气驱动又可以分为步进电机驱动、直流电动机驱动、交流电动机驱动和伺服电机驱动等几种。无刷伺服电机具有大的转矩质量比和转矩体积比,没有直流电动机的电刷和整流子,因而可靠性高,运行时不需要维护,可用在防爆场合,因此在机器人中得到了广泛应用。电气驱动是通过电动机、电磁铁和其他机电设备来实现的,它是最常见的机器臂动作的实现方法。电动机控制肘关节的弯曲和伸展,同时也控制夹持器机构的动作,可以把它们靠近底盘安装或直接固定在底盘上面,用钢丝绳、牵引线或牵引带把电动机连接到对应的关节上。

3.4.1 机器人对关节驱动电动机的要求

关节驱动电动机是工业机器人的重要组成部分,其性能好坏直接影响到工业机器人整体性能的好坏。一般来说,工业机器人对关节驱动电动机的要求如下。

① 快速性 电动机从获得指令信号到完成指令所要求工作状态的时间应尽可能短。响应指令信号的时间越短,电动机伺服系统的灵敏性越高,快速响应性能越好,一般是以伺服电动机的机电时间常数来表示伺服电动机快速响应的性能。

② 启动转矩惯量比较大 在驱动负载的情况下,要求机器人的伺服电动机的启动转矩大,转动惯量小。

③ 控制特性的连续性和直线性 随着控制信号的变化,电动机的转速能连续变化,有时还需转速与控制信号成正比或近似成正比。

④ 调速范围宽,能使用于 1∶1000~1∶10000 的调速范围。

⑤ 体积小,重量轻,轴向尺寸短。

⑥ 能在苛刻的运行条件下工作,可进行十分频繁的正、反向和加、减速运动,并能在短时间内承受过载。

目前,由于高启动转矩、大转矩、低惯量的交、直流伺服电动机在工业机器人领域中得到了广泛应用。一般负载在 1000N 以下的工业机器人大多采用电动机伺服驱动系统。所采用的关节驱动电动机主要是交流伺服电动机、步进电动机和直流伺服电动机。其中,交流伺服电动机、直流伺服电动机、直接驱动电动机(DD)均采用位置闭环控制,一般应用于高精度、高速度的机器人驱动系统中。步进电动机驱动系统多用于对精度、速度要求不高的小型简易机器人开环系统中。交流伺服电动机由于采用了电子换向,无换向火花,在易燃、易爆环境中得到了广泛的应用。机器人关节驱动电动机的功率一般为 0.1~10kW。

工业机器人电动伺服系统的结构一般为 3 个闭环控制,即电流环(转矩控制)、速度环(速度控制)和位置环(位置控制),如图 3-30 所示。

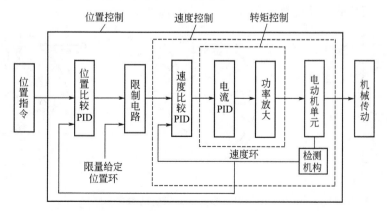

图 3-30 工业机器人电动机的驱动原理

3.4.2 步进电动机驱动器

步进电动机(stepping motor)是一种将输入脉冲信号转换成相应角位移或线位移的旋转

电动机。步进电动机的输入量是脉冲序列,输出量则为相应的增量位移或步进运动。正常运动情况下,它每转一周具有固定的步数。做连续步进运动时,其旋转转速与输入脉冲的频率保持严格的对应关系,不受电压波动和负载变化的影响。由于步进电动机能直接接受数字量的控制,因而特别适宜采用计算机进行控制,是位置控制中不可或缺的执行装置。

步进电动机是通用、耐久和简单的电动机,可以应用在许多场合。在大多数应用场合,使用步进电动机时不需要反馈,这是因为步进电动机每次转动时步进的角度是已知的(除非失步),因而也就没必要反馈,所以其电路简单,容易用计算机控制,且停止时能保持转矩,维护也比较方便,但工作效率低,容易引起失步,有时也有振荡现象产生。步进电动机有不同的型式和工作原理,每种类型的步进电动机都有一些独特的特性,适合于不同的应用。大多数步进电动机可通过不同的连接方式工作在不同的工作模式下。

(1) 步进电动机的分类

通常步进电动机具有永磁转子,而定子上有多个绕组。由于绕组中产生的热量很容易从电动机机体散失,因而步进电动机很容易受到热损坏的影响,且因为没有电刷与换向器,所以寿命比较长。

① 永磁式步进电动机　永磁式步进电动机的转子为圆筒形永磁钢,定子位于转子的外侧,定子绕组中流过电流时产生定子磁场。定子和转子磁场间相互作用,产生吸引力或排斥力,从而使转子旋转。永磁步进电动机一般为两相,转矩和体积较小,步距角一般为 7.5°或 15°。该步进电动机结构简单,生产成本低,步距角大,启动频率低,动态性能差。

② 反应式步进电动机　反应式步进电动机的转子由齿轮状的低碳钢构成,转子在通电相定子磁场的作用下,旋转到磁阻最小的位置。反应式步进电动机出力大,动态性能好,但步距角大。

③ 混合式步进电动机　混合式步进电动机有时也称为永磁感应式步进电动机,它综合了反应式、永磁式步进电动机两者的优点,步距角小,效率高,发热低,动态性能好,是目前性能最好的步进电动机。因为永磁体的存在,该电动机具有较强的反电动势,其自身阻尼作用比较好,使其在运行过程比较平稳、噪声低、低频振动小。混合式步进电动机在某种程度上可以被看作低速同步的电动机。一个四相电动机可以做四相运行,也可以做两相运行(必须采用双极电压驱动),而反应式电动机则不能如此运行。如图 3-31 所示。

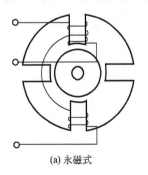
(a) 永磁式
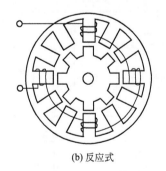
(b) 反应式
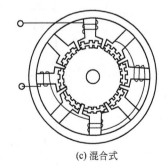
(c) 混合式

图 3-31　步进电动机的结构

(2) 步进电动机的工作原理

电动机的定子上有 6 个均匀分布的磁极,其夹角是 60°。各磁极上套有绕组,按图 3-32 所示的绕法连成 A、B、C 三相绕组。转子上均匀分布 40 个小齿。因此,每个齿的齿距为 $\theta_E = 360°/40 = 9°$,而定子每个磁极的极弧上也有 5 个小齿,且定子和转子的齿距和

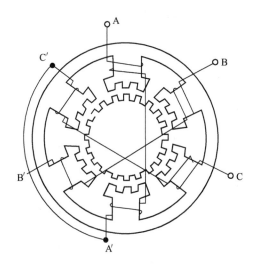

图 3-32 三相反应式步进电动机的剖面示意图

齿宽均相同。

由于定子和转子的小齿数目分别是 30 和 40,其比值是一分数,这就产生了齿错位的情况。若以 A 相磁极小齿和转子的小齿对齐,那么 B 相和 C 相磁极的齿就会分别和转子齿相错三分之一的齿距,即 3°。因此,B、C 相磁极下的磁阻比 A 相磁极下的磁阻大。若给 B 相通电,B 相绕组产生定子磁场,其磁力线穿越 B 相磁极,并力图按磁阻最小的路径闭合,这就使转子受到反应转矩(磁阻转矩)的作用而转动,直到 B 相磁极上的齿与转子齿对齐,恰好转子转过 3°。此时,A、C 相磁极下的齿又分别与转子齿错开 1/3 齿距。接着停止对 B 相绕组通电,而改为 C 相绕组通电,同理受反应转矩的作用,转子按顺时针方向再转过 3°。

依次类推,当三相绕组按 A—B—C—A 顺序循环通电时,转子会按顺时针方向,以每个通电脉冲转动 3° 的规律步进式转动起来。若改变通电顺序,按 A—C—B—A 顺序循环通电,则转子就按逆时针方向以每个通电脉冲转动 3° 的规律转动。因为每一瞬间只有一相绕组通电,并按三种通电状态循环通电,故称为单三拍运行方式。单三拍运行时的步距角 θ_b 为 30°。三相步进电动机还有两种通电方式:双三拍运行,即按 AB—BC—CA—AB 顺序循环通电的方式;单、双六拍运行,即按 A—AB—B—BC—C—CA—A 顺序循环通电的方式。六拍运行时的步距角将减小一半。反应式步进电动机的步距角可按式(3-1)计算。

$$\theta_b = 360°/NE_r \tag{3-1}$$

(3) 步进电动机的转矩特性

步进电动机的脉冲频率与其产生的转矩之间的关系就是步进电动机的转矩特性,如图 3-33 所示。步进电动机的转矩特性用使处于静止状态的步进电动机突然启动,并能够以一定的转速旋转的负载转矩的极限来表示。启动转矩以内的区域称为自启动区域。

在步进电动机的转矩特性自启动区域以外,当保持输入脉冲的频率一定而逐渐增大负载转矩时,或保持负载转矩一定而使输入脉冲的频率逐渐提高时,将能够跟踪负载的转矩限值称为牵出转矩(pullout torque)。另外,步进电动机停止时的转矩称为保持转矩(holding torque),这也是步进电动机所能产生的最大转矩。

3.4.3 直流电动机驱动器

使用直流电源的电动机称为直流电动机。直流电动机使用简单,只需要把直流电动机的端

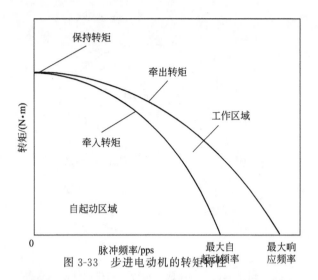

图 3-33 步进电动机的转矩特性

子接到直流电源上就可以使其运转。

(1) 直流电动机的结构及工作原理

图 3-34 所示为直流电动机的工作原理示意图。N 和 S 是一对固定的磁极,可以是电磁铁,也可以是永久磁铁,磁极之间有一个可以转动的铁质圆柱体,称为电枢铁芯。铁芯表面固定一个用绝缘导体构成的电枢绕组 $abcd$,绕组的两端分别接到相互绝缘的两个半圆形铜片(换向片)上,它们组合在一起称为换向器。在每个半圆铜片上又分别放置一个固定不动而与之滑动接触的电刷 A 和 B,绕组 $abcd$ 通过换向器和电刷接通外电路。

将外部直流电源加到电刷 A(正极)和 B(负极)上,在导体 ab 中,电流由 a 指向 b,在导体 cd 中,电流由 c 指向 d。导体 ab 和 cd 分别处于 N、S 极磁场中,受到电磁力的作用。由左手定则可知,导体 ab 和 cd 均受到电磁力的作用,且形成的转矩方向一致,这个转矩称为电磁转矩,为逆时针方向。这样,电枢就顺着逆时针方向旋转,如图 3-34(a) 所示。当电枢旋转 $180°$,导体 cd 转到 N 极下,导体 ab 转到 S 极下,由于电流仍从电刷 A 流入,使 cd 中的电流变为由 d 流向 c,而 ab 中的电流由 b 流向 a,从电刷 B 流出,由左手定则判断可知,电磁转矩的方向仍为逆时针方向,如图 3-34(b) 所示。

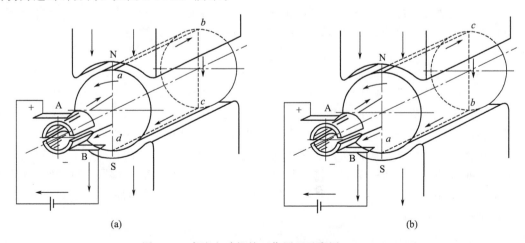

图 3-34 直流电动机的工作原理示意图

由此可见,加在直流电动机上的直流电源借助于换向器和电刷的作用,使直流电动机电枢绕组中流过的电流的方向是交变的,从而使电枢产生的电磁转矩的方向恒定不变,确保直流电动机朝着确定的方向连续旋转,这就是直流电动机的基本工作原理。

实际的直流电动机的电枢圆周均匀地嵌放着许多绕组,相应的换向器由许多换向片组成,使电枢绕组所产生的总的电磁转矩足够大且比较均匀,电动机的转速也就比较均匀。

(2) 直流电动机的特点

作为控制用的电动机,直流电动机具有启动转矩大、体积小、重量轻、转矩和转速容易控制、效率高等优点,但是由于有电刷和换向器,造成寿命短、噪声大。为克服这一缺点,人们开发研制出了无刷直流电动机。在进行位置控制和速度控制时,需要使用转速传感器,实现位置、速度负反馈的闭环控制方式。

3.4.4 无刷直流电动机

无刷直流电动机是直流电动机和交流电动机的混合体,虽然其结构与交流电动机不完全相同,但两者具有相似之处。无刷直流电动机工作时使用的是开关直流波形,这一点和交流电相似(正弦波或梯形波),但频率不一定是60Hz。因此,无刷直流电动机不像交流电动机,它可以工作在任意速度,包括很低的速度。为了正确地运转,需要一个反馈信号来决定何时改变电流方向。实际上,装在转子上的旋转变压器、光学编码器或霍尔效应传感器都可以向控制器输出信号,由控制器来切换转子中的电流。为了保证运行平稳、力矩稳定,转子通常有三相,利用相位差120°的三相电流给转子供电。无刷直流电动机通常由控制电路控制运行,若直接接在直流电源上,它不会运转。

3.4.5 伺服电动机

为实现伺服电动机的控制,可以使用多种不同类型的传感器,包括编码器、旋转变压器、电位器和转速计等。如果采用了位置传感器,如电位计和编码器等,对输出信号进行微分就可以得到速度信号。

伺服电动机是指带有反馈的直流电动机、交流电动机、无刷电动机或步进电动机。它们通过控制以期望的转速和相应的期望转矩运动到期望转角。为此,反馈装置向伺服电动机控制器电路发送信号,提供电动机的角度和速度。如果负载增大,转速就会比期望的转速低,电流就会增大至转速达到期望值为止。如果信号显示速度比期望值高,那么电流就会相应减小。如果还使用了位置反馈,那么位置信号用于在转子达到期望的角位置时关闭电动机,如图3-35所示。

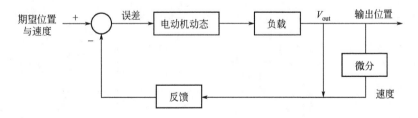

图3-35 伺服电动机控制器的控制原理

在所有电动机中,一个很重要的问题是反电动势。通有电流的导线在磁场中会产生力,从而使导线运动。类似地,如果导线(导体)在磁场中做切割磁力线的运动,那么将会产生感应电流,这是发电的基本原理。然而,这也意味着当电动机绕组中的导线在磁场中旋转时,同样也会感应产生一个与输入电流方向相反的电压,该电压称为反电动势,它将试图削弱电动机中

的实际电流。电动机旋转得越快,反电动势越大。反电动势通常表示为转子转速的函数,即

$$V_{emf} = nK_E \tag{3-2}$$

K_E 一般用 1000r/min 所产生的电压大小来表示。当电动机达到它的额定空载转速时,反电动势将足够大,并使具有有效电流的电动机稳定在额定空载转速上。然而,在此额定转速下,电动机的输出力矩为零。电动机的电压由式(3-3)决定。

$$V_{in} = IR + V_{emf} = IR + nK_E \tag{3-3}$$

式中,R 为电弧绕组电阻,Ω。

若给电动机加载,电动机将减速,导致反电动势变小,电枢电流变大,相应产生正的净输出力矩。负载越大,电动机的转速越低,以产生更大的力矩。如果负载越来越大,就会产生堵转,反电动势消失,电枢电流达到最大值,力矩也达到最大值。但是,当反电动势较小时,尽管输出力矩较大,由于有效电流变大,产生的热量也越多。在堵转或接近堵转的条件下,产生的热量可能会损坏电动机。

为了能输出更大力矩而不降低电动机转速,必须给转子或定子增大电流,若采用软铁芯,则会给两者都增加电流。在这样的情况下,虽然电动机的转速不变且反电动势也不变,但增大的电流将使有效电流增加,从而增加力矩。通过改变电流(相应的电压),可以在期望点上维持转速-力矩的平衡,这样的电动机就称为伺服电动机。

电动机的输出力矩 T 可以表示为力矩常数 K_T 的函数,即 $T = IK_T$。反抗力矩指摩擦力矩 T_f、黏性阻尼力矩 nK_D 及负载力矩 T_L,因此电动机的力矩为

$$T = T_L + T_f + nK_D = IK_T \tag{3-4}$$

式(3-2)~式(3-4)决定了电动机的运动。

3.5 机器人驱动方式的对比

表 3-2 对三种驱动方式做了一个对比。

表 3-2 常见的驱动方式性能对比

液压驱动	电气驱动	气压驱动
(1)适用于大型机器人和大负载 (2)最高的功率质量比 (3)系统刚性好、精度高、响应快,无需减速齿轮 (4)易于在大的速度范围内工作,可以无损坏地停在一个地方	(1)适用于所有尺寸的机器人 (2)控制性能好,适合于高精度机器人,与液压驱动系统相比,有较高的柔性 (3)使用减速齿轮降低了电动机轴上的惯性 (4)不会泄漏,适用于洁净的场所 (5)系统可靠,维护简单 (6)可做到无火花,适用于防爆场合	(1)许多元件是现成的,元件可靠 (2)无泄漏,无火花 (3)价格低,系统可靠 (4)与液压系统相比,其压强低 (5)适合开关控制 (6)柔性系统 (7)功率质量比最低
(1)可能会发生液体泄漏,不适合在要求洁净的地方使用 (2)需安装泵、储液箱、电动机、油管等 (3)价格昂贵,有噪声,需要维护 (4)液体黏度随温度改变而改变,对灰尘及液体中的杂质敏感 (5)柔性低 (6)高转矩,高压强,驱动器的惯性大	(1)刚度低 (2)需要减速齿轮,增大了间隙、成本、重量等 (3)在不供电时,电动机需要刹车装置,否则手臂会掉落	(1)系统噪声较大 (2)需要气压机、过滤器等 (3)很难控制线性位置 (4)在负载作用下常变形 (5)刚度低,响应速度低

练习与思考

1. 机器人的驱动方式有哪几种?
2. 简述液压伺服系统的组成及特点。

第4章 机器人的控制系统

学习目标
① 掌握工业机器人控制系统的分类与组成。
② 掌握工业机器人位置控制的方法。

本章主要介绍机器人的控制系统,内容包括机器人控制系统的特点、基本功能和控制方式、分类与组成、结构与位置控制、机器人控制的示教方式、关节运动的指令生成、控制软件与机器人示教实例、MOTOMAN UP6 机器人控制系统。

4.1 机器人的控制系统概述

工业机器人是具有完整、独立电气控制系统的设备,这是它和普通工业机械手的最大区别。但是,目前还没有专业生产厂家统一生产、销售通用的工业机器人控制系统,现行的控制系统大都由机器人生产厂商研发、设计和制造,因而,不同机器人的控制系统外观、结构各不相同。工业机器人控制系统(以下简称控制系统)主要用于运动轴的位置和轨迹控制,在组成和功能上与机床数控系统无本质的区别,系统同样需要有控制器、伺服驱动器、操作单元、辅助控制电路等基本控制部件。

4.1.1 机器人控制系统的特点

多数机器人的结构是一个空间开链结构,各个关节的运动是相互独立的,为了实现机器人末端执行器的运动,需要多关节协调运动,因此,机器人控制系统与普通的控制系统比较要复杂一些。具体来讲,机器人控制系统主要具有以下特点。

机器人控制系统是一个多变量控制系统,即使简单的工业机器人也有 3~5 个自由度,比较复杂的机器人有十几个自由度,甚至几十个自由度,每个自由度一般包含一个伺服机构,多个独立的伺服系统必须有机地协调起来。例如,机器人的手部运动是所有关节的合成运动,要使手部按照一定的轨迹运动,就必须控制各关节协调运动,包括运动轨迹、动作时序等多方面的协调。

(1) 运动描述复杂

机器人的控制与机构运动学及动力学密切相关。描述机器人状态和运动的数学模型是一个非线性模型,随着状态的变化,其参数也在变化,各变量之间还存在耦合。因此,仅仅考虑位置闭环是不够的,还要考虑速度闭环,甚至加速度闭环。在控制过程中,根据给定的任务,应当选择不同的基准坐标系,并做适当的坐标变换,求解机器人运动学正问题和逆问题。此外,还要考虑各关节之间惯性力、哥氏力等的耦合作用和重力负载的影响,因此,系统中还经常采用一些控制策略，如重力补偿、前馈、解耦或自适应控制等。

(2) 具有较高的重复定位精度，系统刚性好

除直角坐标机器人外，机器人关节上的位置检测元件不能安装在末端执行器上，而应安装在各自的驱动轴上，构成位置半闭环系统。但机器人的重复定位精度较高，一般为±0.1mm。此外，由于机器人运行时要求运动平稳，不受外力干扰，为此系统应具有较好的刚性。

(3) 信息运算量大

机器人的动作往往可以通过不同的方式和路径来完成，因此存在一个最优的问题。较高级的机器人可以采用人工智能的方法，用计算机建立起庞大的信息库，借助信息库进行控制、决策管理和操作。根据传感器和模式识别的方法获得对象及环境的工况，按照给定的指标要求，自动选择最佳的控制规律。

(4) 需采用加（减）速控制

过大的加（减）速度会影响机器人运动的平稳性，甚至使机器人发生抖动，因此在机器人启动或停止时采取加（减）速控制策略。通常采用匀加（减）速运动指令来实现。此外，机器人不允许有位置超调，否则将可能与工件发生碰撞。因此，要求控制系统位置无超调，动态响应尽量快。

(5) 示教-再现控制方式

工业机器人的一种特有的控制方式。当要工业机器人完成某作业时，可预先移动工业机器人的手臂来示教该作业顺序、位置及其他信息，在此过程中把相关的作业信息存储在内存中，在执行任务时，依靠工业机器人的动作再现功能，可重复进行该作业。此外，从操作的角度来看，要求控制系统具有良好的人机界面，尽量降低对操作者的要求。因此，多数情况要求控制器的设计人员不仅要完成底层伺服控制器的设计，还要完成规划算法的编程。

总之，工业机器人控制系统是一个与运动学和动力学密切相关的、紧耦合的、非线性的多变量控制系统。随着实际工作情况的不同，可以采用各种不同的控制方式。

4.1.2 机器人控制系统的功能

机器人控制系统是机器人的主要组成部分，用于控制操作机来完成特定的工作任务，其基本功能有示教再现功能、坐标设置功能、与外围设备的联系功能、位置伺服功能。

(1) 示教-再现功能

机器人控制系统可实现离线编程、在线示教及间接示教等功能，在线示教又包括示教盒示教和导引示教两种情况。在示教过程中，可存储作业顺序、运动路径、运动方式、运动速度及与生产工艺有关的信息，在再现过程中，能控制机器人按照示教的加工信息执行特定的作业。

(2) 坐标设置功能

一般的工业机器人控制器设置有关节坐标、绝对坐标、工具坐标及用户坐标4种坐标系，用户可根据作业要求选用不同的坐标系并进行坐标系之间的转换。

(3) 与外围设备的联系功能

机器人控制器设置有输入/输出接口、通信接口、网络接口和同步接口，并具有示教盒、操作面板及显示屏等人机接口。此外，还具有多种传感器接口，如视觉、触觉、接近觉、听觉、力觉（力矩）传感器等多种传感器接口。

(4) 位置伺服功能

机器人控制系统可实现多轴联动、运动控制、速度和加速度控制、力控制及动态补偿等功能。在运动过程中，还可以实现状态监测、故障诊断下的安全保护和故障自诊断等功能。

4.1.3 机器人的控制方式

工业机器人的控制方式有很多种,根据作业任务的不同,主要可分为点到点控制方式、连续轨迹控制方式、速度控制方式、力矩控制方式和智能控制方式。

(1) 点到点控制方式

点到点控制方式用于实现点的位置控制,其运动是由一个给定点到另一个给定点,而点与点之间的轨迹却无关紧要。因此,这种控制方式的特点是只控制工业机器人末端执行器在作业空间中某些规定的离散点上的位姿。控制时只要求工业机器人快速、准确地实现相邻各点之间的运动,而对达到目标点的运动轨迹则不做任何标记,如自动插件机,在贴片机上安插元件、点焊、搬运、装配等作业。这种控制方式的主要技术指标是定位精度和运动所需的时间,控制方式比较简单,但要达到较高的定位精度则较难。

(2) 连续轨迹控制方式

连续轨迹控制方式用于指定点与点之间的运动轨迹所要求的曲线,如直线或圆弧。这种控制方式的特点是连续地控制工业机器人末端执行器在作业空间中的位姿,使其严格按照预先设定的轨迹和速度在一定的精度要求内运动,速度可控,轨迹光滑,运动平稳,以完成作业任务。工业机器人各关节连续、同步地进行相应的运动,其末端执行器可形成连续的轨迹。这种控制方式的主要技术指标是机器人末端执行器的轨迹跟踪精度及平稳性。在用机器人进行弧焊、喷漆、切割等作业时,应选用连续轨迹控制方式。

(3) 速度控制方式

对机器人的运动控制来说,在位置控制的同时还要进行速度控制,即对于机器人的行程要求遵循一定的速度变化曲线。例如,在连续轨迹控制方式下,机器人按照预设的指令,控制运动部件的速度,实现加、减速,以满足运动平稳、定位精确的要求。由于工业机器人是一种工作情况(行程负载)多变、惯性负载大的运动机械,控制过程中必须处理好快速与平稳的矛盾,必须注意启动后的加速和停止前的减速这两个过渡运动阶段。

(4) 力(力矩)控制方式

在进行抓放操作、去毛刺、研磨和组装等作业时,除了要求准确定位之外,还要求使用特定的力或力矩传感器对末端执行器施加在对象上的力进行控制。这种控制方式的原理与位置伺服控制原理基本相同,但输入量和输出量不是位置信号,而是力(力矩)信号,因此系统中必须有力(力矩)传感器。

(5) 智能控制方式

在不确定或未知条件下作业,机器人需要通过传感器获得周围环境的信息,根据自己内部的知识库做出决策,进而对各执行机构进行控制,自主完成给定任务。若采用智能控制技术,机器人会具有较强的环境适应性及自学习能力。智能控制方法与人工神经网络、模糊算法、遗传算法、专家系统等人工智能的发展密切相关。

4.2 机器人控制系统的分类与组成

4.2.1 机器人控制系统的分类

工业机器人的控制系统可以有很多种分类方式,按控制运动的方式不同可以分为位置控制式和作业控制式,按示教方式的不同可以分为编程式和存储式等。具体分类方式如图 4-1 所示。

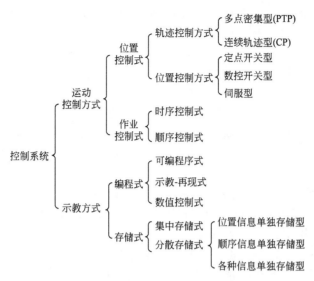

图 4-1 机器人控制系统的分类

4.2.2 机器人控制系统的组成

工业机器人的控制系统由控制计算机、示教编程器、操作面板、磁盘存储等几部分组成，如图 4-2 所示。下面分别对工业机器人控制系统的组成部分进行简单介绍。

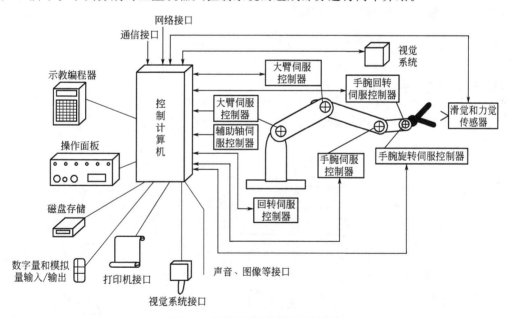

图 4-2 机器人控制系统组成框图

① 控制计算机　控制计算机是控制系统的调度指挥机构，一般为微型机，微处理器分为 32 位、64 位等，如奔腾系列 CPU 等。

② 示教编程器　示教机器人的工作轨迹、参数设定和所有人机交互操作拥有自己独立的 CPU 及存储单元，与主计算机之间以串行通信方式实现信息交互。

③ 操作面板　操作面板由各种操作按键、状态指示灯构成，只完成基本功能操作。

④ 磁盘存储　机器人主要用存储机器人工作程序的外围存储器来存储程序。

⑤ 数字量和模拟量输入/输出　数字量和模拟量输入/输出指各种状态和控制命令的输入或输出。

⑥ 打印机接口　打印机接口用于记录需要输出的各种信息。

⑦ 传感器接口　传感器接口用于信息的自动检测，实现机器人柔顺控制，一般为力觉、触觉和视觉传感器。

⑧ 轴控制器　轴控制器用于完成机器人各关节位置、速度和加速度控制。

⑨ 辅助设备控制　辅助设备控制用于和机器人配合的辅助设备控制，如手爪变位器等。

⑩ 通信接口　通信接口用于实现机器人和其他设备的信息交换，一般有串行接口、并行接口等。

⑪ 网络接口　网络接口包括 Ethernet 接口和 Fieldbus 接口。

a. Ethernet 接口　Ethernet 接口可通过以太网实现数台或单台机器人的直接 PC 通信，数据传输速率高达 10Mb/s，可直接在 PC 上用 Windows 库函数进行应用程序编程，支持 TCP/IP 通信协议，通过 Ethernet 接口将数据及程序装入各个机器人控制器中。

b. Fieldbus 接口　Fieldbus 接口支持多种流行的现场总线规格，如 Devicenet、AB Remote I/O、Interbus、Profibus-DP、MNET 等。

4.3　机器人控制系统的结构与位置控制

4.3.1　机器人控制系统的结构

机器人的控制系统按照控制方式可分为集中控制方式、主从控制方式和分布控制方式三种。

(1) 集中控制方式

集中控制方式用一台计算机实现全部控制功能，结构简单，成本低；但实时性差，难以扩展。在早期的机器人中常采用这种结构，其构成框图如图 4-3 所示。

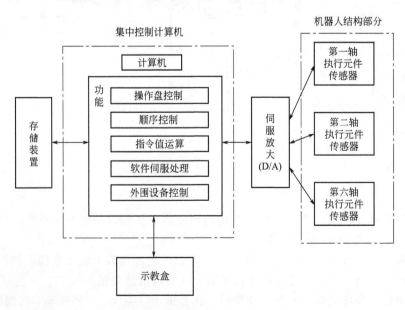

图 4-3　集中控制方式的构成框图

在基于计算机的集中控制系统中，充分利用了计算机资源开放性的特点，可以实现很好的开放性，多种控制卡、传感器设备等都可以通过标准 PCI 插槽或标准串口、并口集成到控制系统中。集中式控制系统的优点为：硬件成本较低，便于信息的采集和分析，易于实现系统的最优控制，整体性与协调性较好。其缺点为：系统控制缺乏灵活性，控制危险容易集中，一旦出现故障，其影响面广，后果严重；由于工业机器人的实时性要求很高，当系统进行大量数据计算时，会降低系统实时性，系统对多任务的响应能力也会与系统的实时性相冲突；系统连线复杂，会降低系统的可靠性。

(2) 主从控制方式

主从控制方式采用主、从两级处理器实现系统的全部控制功能。主 CPU 实现管理、坐标变换、轨迹生成和系统自诊断等，从 CPU 实现所有关节的动作控制。其构成框图如图 4-4 所示。主从控制方式系统实时性较好，适于高精度、高速度控制，但其系统扩展性较差，维修困难。

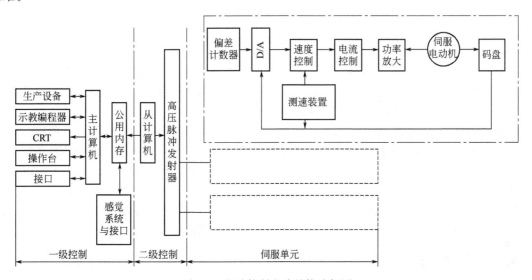

图 4-4 主从控制方式的构成框图

(3) 分布控制方式

分布控制方式按系统的性质和方式将系统控制分成几个模块，每一个模块各有不同的控制任务和控制策略，各模式之间可以是主从关系，也可以是平等关系。这种方式实时性好，易于实现高速、高精度控制，易于扩展，可实现智能控制，是目前流行的方式，其控制框图如图 4-5 所示。其主要思想是"分散控制，集中管理"，即系统对其总体目标和任务可以进行综合协调和分配，并通过子系统的协调工作来完成控制任务。整个系统在功能、逻辑和物理等方面都是分散的，所以 DCS 系统又称为集散控制系统或分散控制系统。在这种结构中，子系统由控制器、不同被控对象或设备构成，各个子系统之间通过网络等相互通信。分布式控制结构提供了一个开放、实时、精确的机器人控制系统。分布式系统中常采用两级控制方式。

两级分布式控制系统通常由上位机、下位机和网络组成。上位机可以进行不同的轨迹规划和算法控制，下位机用于进行插补细分、控制优化等。上位机和下位机通过通信总线相互协调工作。这里的通信总线可以是 RS-232、RS-485、EEE-488 及 USB 总线等形式。现在，以太网和现场总线技术的发展，为机器人提供了更快速、稳定、有效的通信服务，尤其是现场总线。现场总线应用于生产现场，在微机化测量控制设备之间实现双向多结点数字通信，从而形成了新型的网络集成式全分布控制系统——现场总线控制系统（fieldbus control system，FCS）。

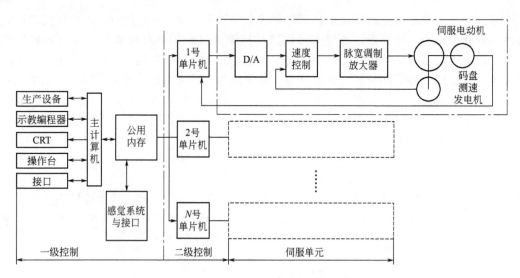

图 4-5 分散控制方式的控制框图

在工厂生产网络中,将可以通过现场总线连接的设备统称为现场设备/仪表。从系统论的角度来说,工业机器人作为工厂的生产设备之一,也可以归纳为现场设备。在机器人系统中引入现场总线技术后,更有利于机器人在工业生产环境中的集成。

分布式控制系统的优点为:系统灵活性好,控制系统的危险性降低,采用多处理器的分散控制,有利于系统功能的并行执行,提高系统的处理效率,缩短响应时间;对于具有多自由度的工业机器人而言,集中控制对各个控制轴之间的耦合关系处理得很好,可以很简单地进行补偿。其缺点为:当轴的数量增加到使控制算法变得很复杂时,其控制性能会恶化;当系统中轴的数量或控制算法变得很复杂时,可能会导致系统的重新设计;分布式结构的每一个运动轴都由一个控制器处理,这意味着系统有较少的轴间耦合和较高的系统重构性。

4.3.2 机器人典型控制柜系统

典型的机器人控制柜系统,包括 ABB 工业机器人控制柜系统、KUKA 机器人控制柜系统、OTC 机器人控制柜系统和安川 DX100 控制系统。

(1) ABB 工业机器人控制柜系统

机器人控制柜用于安装各种控制单元,进行数据处理及存储,并执行程序,是机器人系统的大脑,如图 4-6 所示。

ABB 工业机器人的控制器分为双柜式(Dual cabinet)、单柜式(Single cabinet)、面板式(Panel mounted controller)、紧凑式(compact controller)四种形式,如图 4-6 所示。控制器系统主要由主计算机板、机器人计算机板、快速硬盘、网络通信计算机、示教器、驱动单元、通信单元和电源板组成。变压器、主计算机、轴计算机、驱动板、串口测量和编码器组成伺服驱动系统,对位置、速度和电机电流进行数字化调整。机器人系统从串行测量板连续地接收机器人新的数据位置,输入位置调整器中,与先前的位置数据进行比较和放大,输出新的位置和速度控制。对于 ABB IRC5 控制器来说,其分为控制模块和驱动模块,如系统中含多台机器人,需要 1 个控制模块及对应数量的驱动模块。现在单机器人系统一般使用整合型单柜控制器。一个系统最多包含 36 个驱动单元(最多 4 台机器人),一个驱动模块最多包含 9 个驱动单元,可处理 6 个内轴及 2 个普通轴或附加轴(取决于机器人型号)。

① ABB 工业机器人控制柜系统的特点 ABB 工业机器人的控制器的灵活性强,实现了模

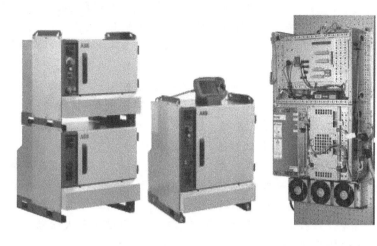

图 4-6　ABB 工业机器人的控制器

块化，可扩展性强，通信功能强大。

a. 灵活性强。IRC5 控制器由一个控制模块和一个驱动模块组成，可选增一个过程模块以容纳定制设备和接口，如点焊、弧焊和胶合等。配备这 3 种模块的灵活型控制器，完全有能力控制一台 6 轴机器人外加伺服驱动工件定位器及类似设备。若需增加机器人的数量，只需为每台新增机器人增装一个驱动模块，还可选择安装一个过程模块，最多可控制 4 台机器人在 MultiMove 模式下作业。各模块间只需要两根连接电缆，一根为安全信号传输电缆，另一根为以太网连接电缆，供模块间通信使用，模块连接简单易行。

b. 模块化。控制模块作为 IRC5 的"心脏"，自带主计算机，能够执行高级控制算法，为多达 36 个伺服轴进行 MultiMove 路径计算，并可指挥 4 个驱动模块。控制模块采用开放式系统架构，配备基于商用 Intel 主板、处理器的工业计算机及 PCI 总线。

c. 可扩展性。由于采用标准组件，用户不必担心设备淘汰问题，随着计算机处理技术的进步，能随时进行设备升级。

d. 通信便利。完善的通信功能是 ABB 机器人控制系统的特点，其 IRC5 控制器的 PCI 扩展槽中可以安装几乎任何常见类型的现场总线板卡，包括满足 ODVA 标准，可使用众多第三方装置的单信道 DeviceNet，支持最高速率为 12Mb/s 的双信道 Profibus-DP 及可使用铜线和光纤接口的双信道 Interbus 通信。

② ABB 工业机器人的控制柜按键　ABB 工业机器人控制柜上的按键有主电源开关、紧急停止按钮、电动机上电/失电按钮、模式选择按钮。

a. 主电源开关。主电源开关是机器人系统的总开关。

b. 紧急停止按钮。在任何模式下，按下紧急停止按钮，机器人立即停止动作。要使机器人重新动作，必须使紧急停止按钮恢复至原来位置。

c. 电动机上电/失电按钮。电动机上电/失电按钮表示机器人电动机的工作状态。当按键灯常亮时，表示上电状态，机器人的电动机被激活，准备好执行程序；当按键灯快闪时，表示机器人未同步（未标定或计数器未更新），但电动机已激活；当按键灯慢闪时，表示至少有一种安全停止生效，电动机未激活。

d. 模式选择按钮。ABB 工业机器人模式选择按钮一般分为两位选择开关和三位选择开关，如图 4-7 所示。有三种模式可选择，分别是自动模式、手动差速模式和手动全速模式。

• 自动模式　机器人运行时使用。在此状态下，操纵摇杆不能使用。

• 手动差速模式　机器人只能以低速、手动控制运行，必须按住使能器才能激活电动机。

• 手动全速模式　用于在与实际情况相近的情况下调试程序。

(2) KUKA 机器人控制柜系统

KUKA 机器人被广泛应用于汽车制造、造船、冶金、娱乐等领域。机器人配套的设备有 KRC2 控制器柜、KCP 控制盘，如图 4-8 所示。

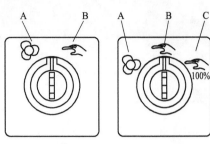

图 4-7　ABB 工业机器人模式选择按钮
A—自动模式；B—手动模式；C—手动全速模式

KUKA 机器人 KRC2 控制柜采用开放式体系结构，有联网功能的 PCBASED 技术。总线标准采用 CAN/DeviceNet 及 Ethernet，并配有标准局部现场总线（Interbus FIFIO Profibus）插槽。该控制柜具有整合示波器功能，提供机器人诊断、程序编辑支援等功能；运动轮廓功能提供最理想的电动机和速度动作的交互使用；编辑更加简单、直观；采用紧凑型、可堆叠的设计，一种控制器适用于所有 KUKA 机器人。其特点如下。

① 采用标准的工业控制计算机处理器。

② 基于 Windows 平台的操作系统，可在线选择多种语言。

③ 支持多种标准工业控制总线，包括 Interbus、Profibus、Devicenet、Canbus、Controlnet、EtherNet、Remote I/O 等，其中，Devicenet、Ethernet 为标准配置。

图 4-8　KUKA 工业机器人控制柜

④ 配有标准的 ISA、PCI 插槽，方便扩展，可直接插入各种标准调制解调器，接入高速 Internet，实现远程监控和诊断。

⑤ 采用高级语言编程，程序可方便、快速地进行备份及恢复。

⑥ 集成了标准的控制软件功能包，可适应各种应用。

⑦ 配有 6D 运动控制鼠标，方便运动轨迹的示教。

⑧ 具有断电自动重启功能，不需要重新进入程序。

⑨ 具有示波器功能，可方便进行错误诊断和系统优化。

⑩ 可直接外接显示器、鼠标和键盘，方便程序的读/写。

⑪ 可随时进行系统的更新。

⑫ 配有大容量硬盘，对程序指令基本无限制，并可长期存储相关操作和系统日志。

⑬ 可方便进行联网，易于监控和管理。

⑭ 拆卸方便，易于维护。

(3) OTC 机器人控制柜系统

如图 4-9 所示，OTC 机器人控制柜系统在 FD11 控制柜的前面配备电源开关及操作面板，连示教编程器。其主要包括断路器、示教编程器、操作面板（操作盒）等。

① 断路器　断路器用于控制装置的电源开与关。

② 示教编程器　示教编程器上装有按键和按钮，以便执行示教、文件操作、各种条件设定等。

③ 操作面板　操作面板（操作盒）上装有执行最低限度的操作所需的按钮，以便执行运

转、准备投入、自动运行的启动和停止、紧急停止、示教/再生模式的切换等，如图 4-10 和图 4-11 所示。

图 4-9　OTC 机器人 FD11 控制柜

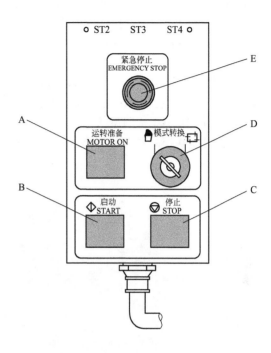

图 4-10　操作面板
A—运转准备按钮；B—启动按钮；C—停止按钮；
D—模式转换开关；E—紧急停止按钮

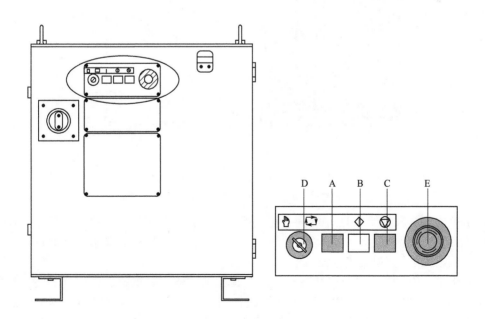

图 4-11　操作面板
A—运转准备按钮；B—启动按钮；C—停止按钮；
D—模式转换开关；E—紧急停止按钮

a. 运转准备按钮　使其进入运转准备投入的状态。一旦进入投入状态，移动机器人的准备就完成了。

b. 启动按钮　在再生模式下启动指定的作业程序。

c. 停止按钮　在再生模式下停止启动指定的作业程序。

d. 模式转换开关　切换模式，可切换到示教-再生模式。此开关与示教器的 TP 选择开关组合使用。

e. 紧急停止按钮　按下此按钮，机器人紧急停止。不论按操作盒或示教器上的哪一个，都使机器人紧急停止。若要解除紧急停止，可向右旋转按钮（按钮回归原位）。

（4）安川 DX100 控制系统

安川 DX100 控制系统的外形及基本组成如图 4-12 所示，系统由控制柜和示教器两大部分组成。

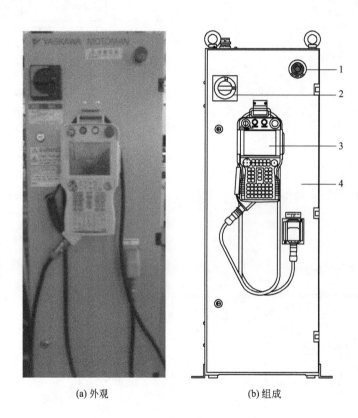

(a) 外观　　　　　(b) 组成

图 4-12　安川 DX100 控制系统的组成
1—急停按钮；2—电源总开关；3—示教器；4—控制柜

① 示教器　示教器就是 DX100 的手持式操作单元，它是用于工业机器人操作、编程及数据输入/显示的人机界面。DX100 的示教器为有线连接，面板按键及显示信号通过网络电缆连接，急停按钮连接线直接连接至控制柜。

② 控制柜　除示教器以及安装在机器人本体上的伺服驱动电机、行程开关外，控制系统的全部电气件都安装在控制柜内。DX100 控制柜的正面左上方安装有机器人的进线总电源开关，它用来断开控制系统的全部电源，使设备与电网隔离；正面右上方安装有急停开关，它可在机器人出现紧急情况时，快速分断控制系统电源，紧急停止机器人的全部动作，确保设备安全停机。

DX100 控制系统的电路和部件采用的是通用型设计，但是，系统配套的伺服驱动器的控制轴数、容量等与工业机器人的规格有关，因此，控制柜的外形、配套的伺服驱动器，以及输入电源的容量等稍有不同。

DX100 控制系统的 DC24V/5V 直流电压由电源单元（CPS 单元）统一提供。电源单元实际上是一个 AC200V 输入、DC24V/5V 输出的直流稳压电源；DC24V 主要用于 IR 控制器的接口电路、示教器以及安全单元、I/O 单元、伺服驱动器轴控模块等部件的供电；伺服电机的 DC24V 制动器控制电源，也可由电源单元提供。DC5V 主要用于控制单元或模块的内部电子电路供电。

DX100 系统的基本控制轴数为 6 轴，最大可以到 8 轴。为了缩小体积、降低成本，系统采用集成型结构，伺服驱动器由电源模块、伺服控制板和逆变模块等部件组成。

4.3.3 机器人的位置控制

工业机器人位置控制的目的就是要使机器人各关节实现预先所规划的运动，最终保证工业机器人末端执行器沿预定的轨迹运行。对于机器人的位置控制，可将关节位置给定值与当前值相比较，得到的误差作为位置控制器的输入量，经过位置控制器的运算后，将输出作为关节速度控制的给定值。因此，工业机器人每个关节的控制系统都是闭环控制系统。此外，对于工业机器人的位置控制，位置检测元件是必不可少的。关节位置控制器常采用 PID 算法，也可采用模糊控制算法等智能方法。

位置控制分为点位控制和连续轨迹控制两类。点位控制的特点是仅控制在离散点上机器人末端的位置和姿态，要求尽快且无超调地实现机器人在相邻点之间的运动，但对相邻点之间的运动轨迹一般不做具体规定。点位控制的主要技术指标是定位精度和完成运动所需要的时间。连续轨迹控制的特点是连续控制机器人末端的位置和姿态轨迹。一般要求速度可控、运动轨迹光滑且运动平稳。连续轨迹控制的技术指标是轨迹精度和平稳性。

对于工业机器人的运动控制来说，在位置控制的同时，还需要进行速度控制。例如，在连续轨迹控制方式下，机器人按照预定的指令控制运动部件的速度和实行加、减速，以满足运动平稳、定位准确的要求。由于工业机器人是一种工作情况多变、惯性负载大的运动机械，要处理好快速与平稳的矛盾，必须控制启动后的加速和停止前的减速这两个过渡运动区段。

速度控制通常用于对目标跟踪的任务中，机器人的关节速度控制框图如图 4-13 所示。对于机器人末端笛卡儿空间的位置、速度控制，其基本原理与关节空间的位置和速度控制类似。

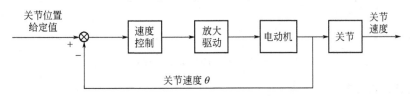

图 4-13 机器人的关节速度控制框图

工业机器人的结构多为串接的连杆形式，其动态特性具有高度的非线性。但在其控制系统设计中，通常把机器人的每个关节当作一个独立的伺服机构来考虑。这是因为工业机器人运动速度不快（通常小于 1.5m/s），由速度变化引起的非线性作用可以忽略。另外，由于交流伺服电动机都安装有减速器，其减速比往往接近 100，那么当负载变化时，折算到电动机轴上的负载变化值则很小（除以速度比的平方），所以可以忽略负载变化的影响，而且各关节之间的耦合作用也因减速器的存在而极大地削弱了。因此,工业机器人系统就变成了一个由多关节组成的各自独立的线性系统。应用中的工业机器人几乎都采用反馈控制,利用各关节传感器得到的反馈信息,计算所需的力矩,发出相应的力矩指令,以实现所要求的运动。

(1) 单关节位置控制

① 单关节位置控制的基本原理　单关节控制器是指不考虑关节之间的相互影响,只根据一个关节独立设置的控制器。在单关节控制器中,机器人的机械惯性影响常常被作为扰动项考虑。把机器人看作刚体结构,图4-14给出了单关节电动机的负载模型。

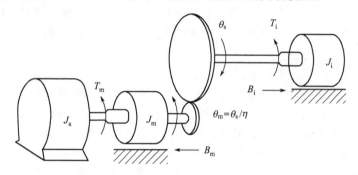

图4-14　单关节电动机的负载模型

J_a—单关节驱动电动机转动惯量;T_m—直流伺服电动机输出转矩;
J_m—单关节夹手负载在传动端的转动惯量;B_m—传动端的阻尼系数;
η—齿轮减速比;θ_m—传动端角位移;θ_s—负载端角位移;
T_i—负载端总转矩;J_i—负载端总转动惯量;
B_i—负载端阻尼系数

② 带力矩闭环的关节位置控制　带有力矩闭环的单关节位置控制系统是一个三闭环控制系统,由位置环、力矩环和速度环构成,如图4-15所示。

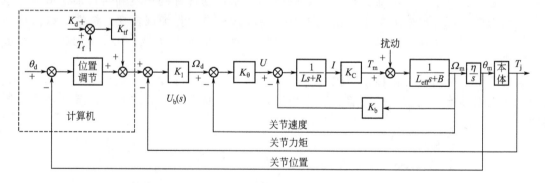

图4-15　带有力矩闭环的单关节位置控制系统

(2) 多关节位置控制

多关节位置控制是指考虑各关节之间的相互影响而对每一个关节分别设计的控制器。前述的单关节控制器是把机器人的其他关节锁住,工作过程中依次移动(转动)一个关节,这种工作方法显然效率很低,但若多个关节同时运动,则各个运动关节之间的力或力矩会产生相互作用,因而不能运用前述的单个关节的位置控制原理。要克服这种多关节之间的相互作用,必须添加补偿作用,即在多关节控制器中,机器人的机械惯性影响常常被作为前馈项考虑,如图4-16所示。

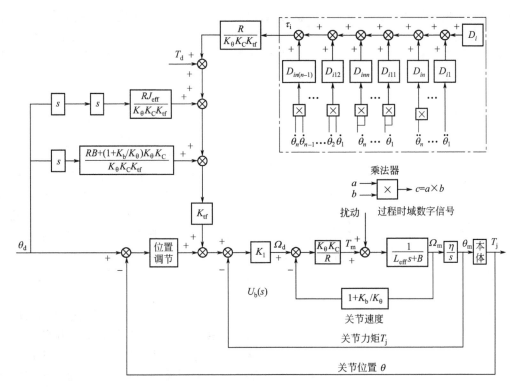

图 4-16 多关节位置控制器设计原理图

4.4 机器人的力控制

机器人的力控制，着重研究如何控制机器人的各个关节，使其末端表现出一定的力和力矩特性，是利用机器人进行自动加工（如装配等）的基础。在进行装配、抓取物体、抛光等机器人作业时，工业机器人末端操作器与环境或作业对象的表面接触，不仅需要对末端执行器施加动作命令，还要保持一定的接触力。除了要求定位准确之外，还要求使用适度的力进行工作，这时候就要采用力控制方式。

较早提出机器人力控的是 Groome，他在 1972 年将力反馈控制用在方向舵的驾驶系统中。1974 年，Jilani 将力传感器安装在一台单轴液压机械手上进行力反馈控制实验。真正将力控用于多关节机器人上的是 Whitney，他在 1977 年将力传感器用在多关节机器人上，并用解运动速度的方法（RMRC）推导出力反馈控制的向量表达式。而 R. P. Paul（1972）和 Silver（1973）则分别用选择自由关节（free joints）的方法实现对机器人力的开环控制。1976 年，R. P. Paul 和 B. Shimano 进一步完善上述方法，采用腕力传感器实现对机器人力的闭环控制。

4.4.1 机器人的柔顺和柔顺控制种类

(1) 机器人的柔顺

柔顺是指机器人的末端能够对外力的变化做出相应的响应，表现为低刚度。如果末端装置、工具或周围环境的刚性很高，那么机械手要执行与某个表面有接触的操作作业将会变得相当困难。这时，若机器人只用位置控制，往往不能满足要求。例如，机械手用海绵擦洗玻璃，如果海绵的柔顺性很好，这一作业任务就可以成功进行。在机器人刚度很高的情况下，机器人对外力的变化响应很弱，缺乏柔顺性。为了使机器人在工作中能较好地适应工作任务的要求，常常希望机器人具有柔性（compliance）。这样就需要使机器人成为柔性机器人系统。根据柔顺是否通过控制方法获得，可以将柔顺分为主动柔顺和被动柔顺。

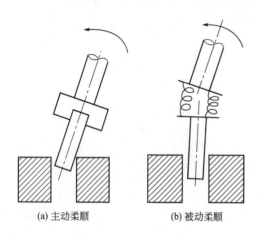

图 4-17 主动柔顺与被动柔顺示意图

① 主动柔顺　机器人能够利用力反馈信息，采用一定的控制方法去控制作用力，称为主动柔顺（active compliance），如图 4-17(a)所示。当操作机将一个柱销装进某个零件的圆孔中时，由于柱销轴与孔轴不对准，无论机器人怎样用力（甚至将零件挤坏），也无法将柱销装入孔内。此时，若采用一个力反馈或组合反馈控制系统，带动柱销转动某个角度，直至柱销轴与孔轴对准，柱销装入孔内的阻力也就消失了，这样装配工作便可顺利完成。这种技术称为主动柔顺技术。

② 被动柔顺　机器人凭借辅助的柔顺机构与环境接触时能够对外部作用力产生自然顺从，称为被动柔顺（passive compliance），如图 4-17(b) 所示。对于与图 4-17(a) 相同的任务，若不采用反馈控制，也可通过操作机终端机械结构的变形来适应操作过程中遇到的阻力。在图 4-17(b) 中，在柱销与操作机之间设有类似弹簧之类的机械结构。当柱销插入孔内而遇到阻力时，弹簧系统就会产生变形，使ң力减小，以使柱销轴与孔轴重合，保证柱销顺利地插入孔内。由于被动柔顺控制存在各种各样的缺点和不足，主动柔顺控制（力控制）逐渐成为主流的研究方向。

③ 远距离中心柔顺　若把力施于某一点，则产生纯平移，若把力矩施于该点，则产生纯旋转，这样的点称为柔顺中心。远距离中心柔顺的无源机械装置就是由弹簧和消振器据此原理构成的。把弹簧和消振器构成的无源机械装置安装在机械手的末端，机械手就能够维持适当的方位，从而解决如用机械手在黑板上写字之类的问题。通过使用具有低的横向及旋转刚度的抓取机构，也能使插杆入孔的作业易于实现。

远距离中心柔顺（remote center compliance，RCC）是一种比较成功的柔顺技术，之所以采用这一术语是因为机械结构的弹性变形不是发生在手部或工件处，而是发生在远离工件的一定距离处。如图 4-18 所示，在操作机的抓手和手臂之间设有能产生弹性变形的远距离中心柔顺装置，该装置的中心位置距离抓手所夹持的工件有一定的距离。

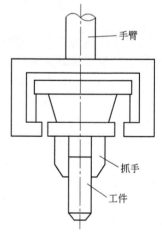

图 4-18　远距离中心柔顺示意图

由此可见，采用远距离中心柔顺技术可以使操作机的结构设计更为合理。RCC 这样的被动柔顺机械装置具有快速响应能力，且价格低，但应用范围小。可编程主动柔顺装置能够对不同类型的零件进行操作，还可根据装配作业不同阶段的要求修改末端装置的弹性性能。

综上所述，可以将采用了柔顺技术的机器人统称为柔顺机器人系统。这样机器人系统因其较强的适应性在工程上获得了广泛的应用。

(2) 柔顺控制的种类

实现柔顺控制的方法主要有两类：一类是阻抗控制，另一类是力和位置的混合控制。阻抗控制不是直接控制期望的力和位置，而是通过控制力和位置之间的动态关系来实现柔顺功能。由于这样的动态关系类似于电路中阻抗的概念，因而称为阻抗控制。如果只考虑静态特性，力和位置的关系可以用刚性矩阵来描述，如果考虑力和速度之间的关系，可以用黏滞阻尼系数矩阵来描述。因此，阻抗控制就是指通过适当的控制方法使机械手末端执行器表现出期望的刚性和阻尼。通常对于需要进行位置控制的自由度，要求在该方向上有很大的刚性，即表现出很硬的特性。对于需要进行力控制的自由度，则要求在该方向上有较小的刚性，即表现出柔软的特性。

力和位置混合控制的方法的基本思想，就是在柔顺坐标空间将任务分解为某些自由度的位置控制和另一些自由度的力控制，并在任务空间分别进行位置控制和力控制的计算，将计算结果转换到关节空间，合并为统一的关节控制力矩，驱动机械手以实现期望的柔顺功能。由此可见，柔顺运动控制包括阻抗控制、力和位置混合控制、动态混合控制等。

根据机器人力控制的发展过程，机器人的力控制一般可以分为经典力控制方法、先进力控制方法和智能力控制方法 3 类。

4.4.2 机器人经典力控制方式

与在自由空间运动的控制相比，机器人在受限空间运动的控制主要是增加了对其作用端与外界接触作用力（包括力矩）的控制要求，因而受限运动的控制一般称为力控制。在实际应用中，如果对这种作用力控制得不当，不仅可能达不到控制要求，还可能使工件间产生过强的碰撞，导致工件变形、损伤甚至报废，造成机器人的损伤，因此，这时对作用力的控制是至关重要的。由于在受限空间改变运动轨迹的同时会改变作用力的大小，而控制既要求机器人沿一定的轨迹运动，又要求作用力在一定的范围内，这使两者成为一个矛盾体的两个方面，控制时必须兼而顾之。目前实现力控制的方法一般有直接控制和间接控制两种。在有些作业（装配等）中，可简单地采用轨迹控制的方法，间接地达到控制力的目的。

但显而易见，此时将要求机器人的轨迹运行和加工工件的位置都有很高的精确度，特别是对精度要求较高（如允许配合公差小）的作业。要提高轨迹控制精度则是一个苛刻的要求，也是有一定限度的，且经济代价也高。直接控制方法是在轨迹控制的基础上给机器人提供力或触觉等传感器，使机器人在受限方向上运动时能检测到与外界间的作用力，并根据检测到的力信号按一定的控制规律对作用力进行控制，从而对作业施加的限制产生一种依从性运动，保证作用力为恒值或在一定的范围内变化。依从性运动是从轨迹控制的角度而言的，控制器对外界施加的作用力干扰不是像常规位置控制器那样对其抵抗或消除，而是进行一定程度的"妥协"，即顺应或依从，从而以一定的位置偏差为代价来满足力控制的要求。这种方法由于引入了力信号，因而提高了轨迹控制的精度和控制器对外界条件变化的适应能力。我们提到的力控制通常也指的是这种控制方式。

（1）阻抗控制

阻抗控制分为力反馈性阻抗控制、位置型阻抗控制和柔顺型阻抗控制。

（2）力/位置混合控制

① 力/位置混合控制概述　按末端执行器是否与外界环境发生接触，可以把机器人的运动分为两类：一类是不受任何约束的自由空间运动，如喷漆、搬运、点焊等作业，这类作业可用位置控制去完成；另一类作业是机器人末端与外界环境发生接触，在作业过程中，末端有一个或几个自由度不能自由运动，并要求末端在某一个或几个方向上与工件（环境）保持给定大小

的力,如机器人完成旋曲柄、上螺钉、擦玻璃、精密装配和打毛刺等作业。这类作业仅采用位置控制无法完成,必须考虑末端与外界环境之间的作用力。

这是由于环境和机器人本体的非理想化,无法消除误差的存在,位置控制方式下的机器人在从事这类工作时将不可避免地产生环境接触力,太大的作用力可能损坏机器人及其加工工件,而通过制造更为精密的机器人的方法来避免这种现象的发生,极其困难,且代价昂贵。为此,人们考虑在位置控制的基础上引入力控制环节,这样就出现了力/位置混合控制。

力/位置混合控制是将任务空间划分为两个正交互补的子空间,即力控制空间和位置控制空间,在力控制空间中应用力控制方法进行力控制,在位置控制空间应用位置控制方法进行位置控制。其核心思想是分别用不同的控制方法对力和位置直接进行控制,即首先通过选择矩阵确定当前接触点的力控和位控方向,然后应用力反馈信息和位置反馈信息分别在力控制回路和位置控制回路中进行闭环控制,最终在受限运动中实现力和位置的同时控制。

② 力/位置混合控制方案 机器人末端执行器的6个自由度为笛卡儿空间的6个变量提供控制,当执行器的某个自由度受到约束时,试图驱动所有关节,将会导致机器人或接触表面的损坏。对此,Mason于1979年最早提出同时非矛盾地控制力和位置的概念、关节柔顺的概念,其基本思想是,对机器人的不同关节根据具体任务要求,分别独立地进行力控制和位置控制,这种方法显然有一定的局限性。Raibert和Craig根据Mason提出的理论进一步发展了自由关节思想,进行了机器人机械手力和位置混合控制的重要试验,取得了较满意的结果,并最终形成力/位置混合控制理论,后来称这种控制器为R-C型力/位置混合控制器。

R-C型力/位置混合控制在笛卡儿空间中描述约束,区分位置控制与力控制,在一些方向上控制力,在另外的方向上控制位置,用两组平行互补的反馈环控制一个共同的目标。这种方法将测量到的关节位置q经过正运动学方程T转换成笛卡儿坐标位置x,与期望的笛卡儿坐标位置x_d比较,产生笛卡儿坐标下的位置误差,在转换到关节坐标之前,先把力控制方向上的位置误差置成零,然后用一个雅克比逆变换J^{-1}转换到关节坐标,此误差经过PID控制器用于降低位置方向的误差。类似地,把经过力变换矩阵转换后的检测力F与期望力F_d相比,得到笛卡儿坐标下的力误差,在此误差被转换成关节力矩之前,任何位置控制方向上的力误差被置成零,变换后的误差经过PID控制器用于消除力控制方向上的误差。

③ 力/位置混合控制存在的问题 力/位置混合控制是一种思路非常清晰的控制方案,但实施起来却有诸多困难与问题。虽然力/位置混合控制理论一直在不断地被改进和完善,但尚难以应用在复杂的实际生产中。目前,国外已经把混合控制原理应用在机器人上,可以实现擦洗玻璃这样简单的任务,如斯坦福大学的PUMA560机器人。国内也有一些高校和科研机构进行力/位置混合控制方面的研究,但对复杂的作业任务,尚停留在理论研究与仿真实验阶段,与实际应用还有一段距离。综上所述,力/位置混合控制之所以难以应用在复杂的实际工作场合,主要因为还存在以下一些难以解决的问题。

a. 作业环境空间的精确建模 作业环境空间的建模对混合控制的影响是巨大的,若环境空间建模不精确,则混合控制难以完成既定的任务,而对作业空间的精确建模又是十分困难的。

b. 接触的转换 接触的转换不仅指从自由空间运动到约束空间运动的转换,更广泛的是指从一个约束曲面到另一个约束曲面的转换,这种转换大部分存在不可避免的碰撞,刚性的末端执行器与刚性环境的接触尚无完好的定义,而碰撞瞬间产生的极大的相互作用力的交互作用时间是微秒级的,控制器的响应时间跟不上这个速度,所以可能在做出响应之前末端执行器或工作就已经产生损害。

c. 控制策略的生成　对每一项任务采用何种控制策略,这方面的指导性原则和理论还比较贫乏,如何根据在线的传感器信息自动生成控制策略更是一道难题。

4.4.3　机器人先进力控制方法

经典力控制方法在简单操作任务中可以有效地控制力和位置,但在完成复杂任务的过程中,面临着模型参数不确定、接触环境不确定及外界干扰等问题,从控制效果和适用范围来看仍有不足,使其无法推广应用,这就需要研究先进的力控制方法来克服这些问题。

影响机器人力控制稳定性的因素有很多,其中以接触环境、机器人本体参数的影响最为明显。对于一个特定的已知接触环境,可以调节力控制器参数,使整个力控制系统稳定且比较理想的控制性能。然而,当接触环境变化时,控制器将会失稳,需要重新调节控制器参数。目前先进的力控制方法大部分是在经典力控制方法的基础上,增加了自适应性或鲁棒性。

自适应力控制在基本的力控制方法中加入了一些自适应策略,使得当机器人和环境存在未知参数时仍然可以获得需要的刚度、阻尼或阻抗。总体来说,机器人自适应力控制方法可以分为间接自适应方法和直接自适应方法两类。间接自适应方法中存在一个参数估计器,对机器人力控制系统中的未知参数进行估计,估计器得到的参数用于设计自适应律。由于间接自适应方法需要精确的机器人参数和接触环境的模型,在实际应用中往往比较困难或难以实现,所以直接自适应方法在机器人力控制中得到越来越多的应用。

学习控制已经被用于机器人位置控制中,近年来在力/位置混合控制中也得到应用。学习力控制可以用于执行重复操作的场合,利用位置、速度、加速度误差或力误差对执行操作所需的输入指令进行学习,可以显著提高控制性能,学习力控制在参数不确定性和干扰足够小的情况下,可以保证位置和力跟踪误差收敛,如图 4-19 所示。

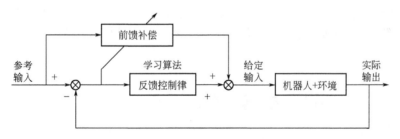

图 4-19　机器人学习控制的力控制结构简图

前述控制方法存在一个共同的建模难题,就机器人本身来讲,时变、强耦合及不确定性给机器人控制带来了困难,再加上反馈的输入,更增加了建模的难度。从现有的研究成果及在工业现场的使用效果来看,上述控制方法各有优、缺点,且大多处于理论探索和仿真阶段,无法寻找一个方法彻底解决机器人的力控制问题。另外,机器人研究已经进入智能化阶段,决定了机器人智能力控制方法出现的必然性。从机器人力控制的特点来看,它是在模拟人的力感知的基础上进行的控制,因而智能控制具有很大的研究价值。

模糊逻辑控制因不需要被控对象的准确数学模型,仅通过被控对象输入/输出量的检测,进行一系列有针对性的各种可能状态的推理和判断,并做出适应性的最优化控制,因而在机器人控制应用中也取得了一定的效果。但是,作为模糊信息处理核心的"模糊规则自动提取"及"模糊变量基本状态隶属函数的自动生成"问题,却一直是困扰模糊控制的难题,这使得单纯的模糊控制缺乏自学习、自适应能力,当对象参数变化或负载变化时不能获得满意的控制效果,所以其在机器人控制中的应用范围不可避免地受到了限制。

近年来，将神经网络应用于机器人控制的研究引起了极大的关注，这是因为神经网络具有很强的学习能力。神经网络方法具有模糊性、自适应性和自学习性的特点，比以往依靠传统控制方法具有极大的优越性。这方面的研究大体可分为两类：一类是假定机器人动力学为完全未知的，神经网络通过学习被训练逼近系统的动力学或逆动力学问题，以实现反馈或逆动力学方案；另一类是假定机器人模型为部分已知的，神经网络被用来学习模型中未知信息，以减少在线计算上的负担。在许多情况下，的确可以预先得到近似的机器人模型，而基于模型的控制方案在实践中已被证明是有效的。

Connolly 等将多层前向神经网络用于力/位置控制。根据检测到的力和位置，由神经网络计算选择矩阵和人力约束，并进行了插孔实验。日本的福田敏男等用四层前馈神经网络构造了神经伺服控制器，并进行了细针刺纸实验，能将力控制到不穿破纸的极小范围。但同时神经网络又存在它固有的一些问题：专门适合于控制问题的动态神经网络仍待进一步发展，网型没有根本的突破；神经网络的泛化能力不足，制约了控制系统的鲁棒性；网络本身的黑箱式内部知识表达方式使其不能利用初始经验进行学习，易于陷入局部极小；分布式并行计算的潜力还有赖于硬件技术实现的进步。

在模糊神经网络控制系统中，模糊控制采用规则推理的方式，以模仿人在不确定环境下的决策行为，但它没有学习的功能，而神经网络具有自学习、自适应、容错等功能，因此两者的结合能取长补短。由于神经网络与模糊控制均无须依赖于被控对象的数学模型，它们学习与推理的功能相似于人类学习和知识推理过程。因此，将神经网络与模糊控制相结合，构成神经模糊控制系统，用于机器人和其他一些非线性系统的控制是很有必要的。

机器人本身是一个复杂的系统，将其作为大系统研究具有其优越性。因此，对机器人这一大系统进行模糊神经网络的力控制研究，不失为模拟人类智能的最佳控制，且为机器人力控制研究开辟了崭新的途径。

智能力控制策略中的记忆、运算、比较、鉴别、判断、决策、学习和逻辑推理等概念和方法，必须有效地融合在一起，作为人工智能的重要部分，也是机器人力/位置控制研究的发展趋势。

4.5 机器人控制的示教再现

示教人员将机器人作业任务中要求手的运动预先教给机器人，在示教的过程中，机器人控制系统将关节运动状态参数存储在存储器中。当需要机器人工作时，机器人的控制系统就调用存储器中存储的各项数据，驱动关节运动，使机器人再现示教过的手的运动，由此完成要求的作业任务，如图 4-20 所示。

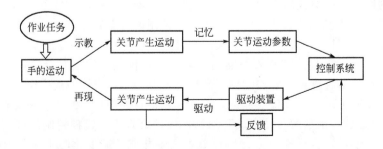

图 4-20 机器人控制的示教再现

4.5.1 示教方式的种类

(1) 机器人的示教方式

机器人的示教方式分为集中示教方式、分离示教方式、点对点示教方式和连续轨迹控制方式四种。

① 集中示教方式　将机器人手部在空间的位姿、速度、动作顺序等参数同时进行示教的方式称为集中示教方式，示教一次即可生成关节运动的伺服指令。

② 分离示教方式　将机器人手部在空间的位姿、速度、动作顺序等参数分开单独进行示教的方式称为分离示教方式，一般需要示教多次才可生成关节运动的伺服指令，但其效果要好于集中示教方式。

③ 点对点示教方式　在对用点位（PTP）控制的点焊、搬运机器人进行示教时，可以分开编制程序，且能进行编辑、修改等工作，但是机器人手部在做曲线运动且位置精度要求较高时，示教点数就会较多，示教时间就会拉长，且在每一个示教点处都要停止和启动，因此很难进行速度的控制。

④ 连续轨迹控制方式　在对用连续轨迹（CP）控制的弧焊、喷漆机器人进行示教时，示教操作一旦开始就不能中途停止，必须不间断地进行到底，且在示教途中很难进行局部的修改。示教时，可以是手把手示教，也可通过示教编程器示教。

(2) 记忆过程

在示教的过程中，机器人关节运动状态的变化被传感器检测到，经过转换，再通过变换装置送入控制系统，控制系统就将这些数据保存在存储器中，作为再现示教过的手的运动时所需要的关节运动参数数据，如图 4-21 所示。

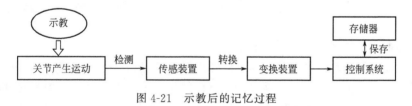

图 4-21　示教后的记忆过程

① 记忆速度　记忆速度取决于传感器的检测速度、变换装置的转换速度和控制系统存储器的存储速度。

② 记忆容量　记忆容量取决于控制系统存储器的容量。

(3) 运动控制

机器人的运动控制是指机器人手部在空间从一点移动到另一点的过程中或沿某一轨迹运动时，对其位姿、速度和加速度等运动参数的控制，如图 4-22 所示。

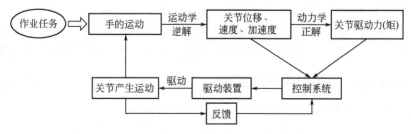

图 4-22　机器人控制示教的运动控制

① 控制过程　根据机器人作业任务中要求的手部运动，先通过运动学逆解和数学插补运

算，得到机器人各个关节运动的位移、速度和加速度，再根据动力学正解得到各个关节的驱动力（矩）。机器人控制系统根据运算得到的关节运动状态参数控制驱动装置，驱动各个关节产生运动，从而合成手在空间的运动，由此完成要求的作业任务。

② 控制步骤

第一步：关节运动伺服指令的生成

关节运动伺服指令的生成，指将机器人手部在空间的位姿变化转换为关节变量，随时间按某一规律变化的函数。这一步一般可离线完成。

第二步：关节运动的伺服控制

关节运动的伺服控制，指采用一定的控制算法跟踪执行第一步所生成的关节运动伺服指令，这一步是在线完成的。

4.5.2 关节运动的伺服指令生成

(1) 轨迹规划

机器人关节运动伺服指令的轨迹规划生成方法，是指根据作业任务要求的机器人手部在空间的位姿、速度等运动参数的变化，通过机器人运动学方程的求解和各种插补运算等数学方法，最终生成相应的关节运动伺服指令。

(2) 轨迹规划的实现过程

在对机器人进行轨迹规划时，首先要对机器人的作业任务进行描述，得到机器人手部在空间的位姿变化，然后根据机器人运动学方程及其逆解，并通过适当的插补运算，求出机器人各个关节的位移、速度等运动参数的变化，再通过动力学运算最终生成机器人关节运动所需的伺服指令。

点位控制下的轨迹规划是在关节坐标空间进行的，连续轨迹控制下的轨迹规划是在直角坐标空间进行的。

① 点位控制下的轨迹规划　步骤如下：

a. 由手的位姿得到对应关节的位移（已知机器人起点和终点的位姿）；

b. 不同点对应关节位移之间的运动规划（已知机器人起点和终点的关节变量取值）；

c. 由关节运动变化计算关节驱动力（矩）（已知机器人关节的运动速度和加速度）。

在关节坐标空间进行轨迹规划时，要注意关节运动时加速度的突变引起的刚性冲击，严重时可使机器人产生较大的振动，且在关节坐标空间内规划的直线只表示它是某个关节变量的线性函数，当所有关节变量都规划为直线时，并不代表机器人手部在直角坐标空间中的路径就是直线。关节坐标空间的轨迹规划是直角坐标空间轨迹规划的基础。

② 连续轨迹控制下的轨迹规划　步骤如下：

a. 连续轨迹离散化；

b. 点位控制下的轨迹规划。

有了各个离散点处的位姿，就可以用点位控制下的轨迹规划实现，从而完成连续轨迹控制下的轨迹规划。至此，在直角坐标空间中两点之间连续路径的轨迹规划就全部完成了。

4.5.3 控制软件与机器人示教实例

(1) 控制软件的一般界面

一般情况下，工业机器人的软件需要能够完成参数设置、状态显示、示教、运动学分析、文件管理、程序控制和管理以及错误提示等任务。

① 参数设置　参数设置主要包括各关节的起点和终点位置设置、速度设置及加减速度

设置。

② 状态显示　状态显示指各关节运行、停止、报警、左右限位及系统总的运行模式显示。

③ 控制运动　控制运动功能可以控制各个模块或关节进行运动。首先选定要运动的模块（关节），选择运动方式和启动方式，填写运动参数，包括运动速度、目标位置，选择模块方向，然后单击"启动"按钮，模块开始运动。在运动期间，单击"立即停止"按钮，会立即停止模块的运动。单击"手爪张开"按钮，会控制机器人的手爪张开，同时该按钮会变为"手爪闭合"，再次单击会使机器人的手爪闭合。

(2) 控制软件的示教过程

示教主要是记录运行的数据，并存入文件，以备调用。

① 信息显示

a. 关节显示　在示教过程中，实时显示机器人各个关节所转过的角度值。

b. 状态信息　在示教过程中，显示各个关节信号状态，无效时软件中图标为绿色，有效时图标为红色。

c. 坐标信息　在示教过程中，实时显示机器人末端的坐标位置。

d. 速度控制　通过拖拉水平滚动条来调整示教的速度，由低到高共分为4挡。

② 示教编程器　每个关节都有两个按钮，"+"是正向运动按钮，"-"是负向运动按钮。持续按下机器人某一模块的正向运动按钮或负向运动按钮时，机器人的该模块就会一直做正向或负向运动，松开按钮时，机器人的该模块运动停止。

单击"手爪闭合"按钮时，手爪会闭合；单击"手爪张开"按钮时，手爪会张开。

③ 示教控制　启动控制软件后，观察机器人的各个模块是否在零位，如果不在零位，需先操作复位机器人。

利用模块运动的示教按钮对机器人的各个模块进行控制。当控制模块运动到指定位置后，单击"记录"按钮，记录下这个示教点，同时示教列表中也会相应地多出一条示教记录。

当所有的示教完毕之后，就可以将其作为一个示教文件进行永久保存，单击"保存"按钮，可保存示教数据。

需要时单击"打开"按钮，可以加载以前保存的示教文件，加载后示教列表中会显示示教数据的内容。

加载后，选择再现方式，如果选择"单次"，只示教一次，如果选择"连续"，机器人会不断地重复再现示教列表中的动作。

对于示教和加载的示教数据，可以通过单击"清零"按钮将其清除。

在机器人运动过程中，单击"急停"按钮就会停止机器人的运动。

④ 示教列表　在示教过程中，每保存一步，就在示教列表中记录各个关节的坐标值。

⑤ 形成程序　对于一些机器人及其软件系统，在完成示教之后，除了形成坐标与速度序列数据之外，还会生成按照其语言编制的程序。

4.5.4　机器人控制系统举例

(1) 三菱机器人概述

三菱机器人设备平台主要由一台6自由度工业机械手、一套智能视觉系统、一套可编程控制器（PLC）系统、一套RFID检测系统、四工位工件供料单元、环形输送单元、直线输送单元、工件组装单元、立体仓库单元、电气控制柜、网络交换机等组成，可实现灵活、快速、精确地对工件进行分拣、搬运、装配、拆解、检测等操作。其外形如图4-23所示。其正面有主电源开关、再现操作盒，示教编程器通过电缆连接在控制柜上。

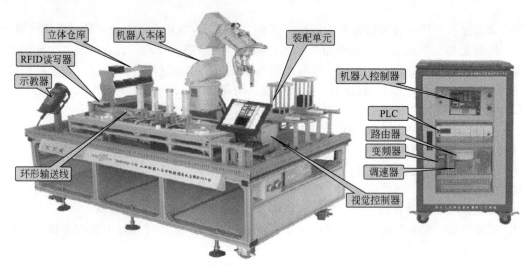

图 4-23　三菱机器人设备的外形

（2）示教单元说明

图 4-24 和图 4-25 是示教单元的各个部位。

图 4-24　示教单元正面

图 4-25　示教单元背面

① 示教单元　有效/无效（ENABLE/DISABL），使示教单元的操作有效、无效（ENABLE/DISABLE）的选择开关。

② 紧急停止（EMG.STOP）　是使机器人立即停止的开关（断开伺服电源）。

③ 停止按钮（STOP）　使机器人减速停止的开关。如果按压启动按钮，可以继续运行（未断开伺服电源）。

④ 显示盘　显示示教单元的操作状态。

⑤ 状态指示灯　显示示教单元及机器人的状态（电源、有效/无效、伺服状态、有无错误）。

⑥ "F1"、"F2"、"F3"、"F4"键　执行功能显示部分的功能。

⑦ 功能键（FUNCTION） 进行各菜单中的功能切换。可执行的功能显示在画面下方。

⑧ 伺服 ON 键（SERVO） 如果在握住有效开关的状态下按压此键，将进行机器人的伺服电源供给。

⑨ 监视键（MONITOR） 变为监视模式，显示监视菜单。如果再次按压，将返回至前一个画面。

⑩ 执行键（EXE） 确定输入操作。

⑪ 出错复位按钮（RESET） 对发生中的错误进行解除。

⑫ 有效开关 示教单元有效时，使机器人动作的情况下，在握住此开关的状态下，操作将有效。

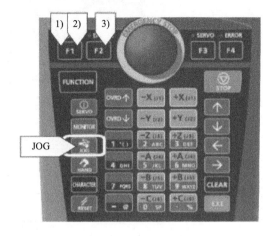

图 4-26　JOG 界面切换

(3) JOG 操作

使用示教单元以手动方式使机器人动作（图 4-26）。JOG 操作中有 3 种模式。

① JOG 画面的显示　按压 JOG 键后，将显示如下图所示的 JOG 画面，显示机器人的当前位置、JOG 模式、速度等。

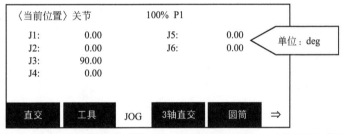

② 关节 JOG 模式选择　如果按压"关节"显示的功能键，在画面上部将显示关节。

③ 直交 JOG 模式选择　按压"直交"显示的功能键后，将在画面上部显示直交。

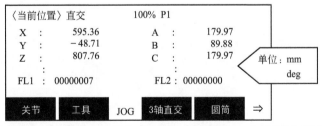

④ 工具 JOG 模式选择　按压"工具"显示的功能键后，在画面上部将显示工具。

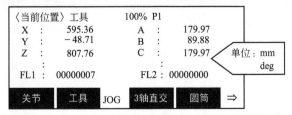

⑤ JOG 操作的速度设置（图 4-27）　提高速度时，按压 OVRD↑键，速度显示的数值将变大。降低速度时，按压 OVRD↓键，速度显示的数值将变小。速度可在 Low～100% 的范围内进行设置。

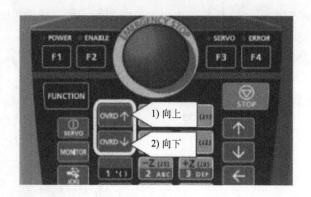

Low	High	3%	5%	10%	30%	50%	70%	100%

← "OVRD↓" 键   "OVRD↑" 键 →

图 4-27　速度设置

第5章 工业机器人应用举例

 学习目标

① 了解工业机器人的应用准则及应用步骤。
② 了解工业机器人在不同领域的应用情况。

5.1 工业机器人应用概述

目前机器人已广泛地应用于汽车、机械加工、电子及塑料制品等工业领域中，随着科学与技术的发展，机器人的应用领域也不断扩大。现在工业机器人的应用已开始扩大到军事、核能、采矿、冶金、石油、化工、航空、航天、船舶、建筑、纺织、医药、生化、食品、服务、娱乐、农业、林业、畜牧业和养殖业等领域中。

在工业生产中，弧焊机器人、点焊机器人、装配机器人、喷涂机器人及搬运机器人等工业机器人都已被大量采用。由于机器人对生产环境和作业要求具有很强的适应性，用来完成不同生产作业的工业机器人的种类愈来愈多（例如装配机器人、打毛刺机器人、激光切割机器人等），工业将实现高度自动化。机器人将成为人类社会生产活动的"主劳力"，人类将从繁重的、重复单调的、有害健康和危险的生产劳动中解放出来。

机器人将用于提高人民健康水平与生活水准，丰富人民文化生活。21世纪，服务机器人进入了家庭。家庭服务机器人可以从事清洁卫生、园艺、炊事、垃圾处理、家庭护理与服务等作业。在医院，机器人可以从事手术、化验、运输、康复及病人护理等作业。在商业和旅游业中，导购机器人、导游机器人和表演机器人都将得到发展。智能机器人玩具和智能机器人宠物的种类将不断增加。机器人不再是只用于生产作业的工具，大量的服务机器人、表演机器人、科教机器人、机器人玩具和机器人宠物进入了人类社会，使人类生活更加丰富多彩。

21世纪，各种智能机器人得到了广泛应用，具有像人的四肢、灵巧的双手、双目视觉、力觉及触觉感知功能的仿人型智能机器人将被研制成功，并得到应用。

按应用领域，机器人大致可分为工业机器人、军用机器人、水下机器人、空间机器人、服务机器人、农业机器人和仿人机器人7大类。本章主要介绍工业机器人的应用。

工业机器人是指在工业环境中应用的机器人，是一种能进行自动控制的、可重复编程的、多功能的、多自由度的、多用途的操作机，用来完成各种作业。因此，工业机器人被称为"铁领工人"。目前，工业机器人是技术上最成熟、应用最广泛的机器人。喷涂机器人、弧焊机器人、点焊机器人和装配机器人是工业中最常用的机器人类型，本节重点介绍这几种机器人及其应用。

5.1.1 工业机器人的应用准则

设计和应用工业机器人时,应全面考虑和均衡机器人的通用性、环境的适应性、耐久性、可靠性和经济性等因素,具体遵循的准则如下。

(1) 从恶劣工种开始采用机器人

机器人可以在有毒、风尘、噪声、振动、高温、易燃易爆等危险有害的环境中长期稳定地工作。在技术、经济合理的情况下,采用机器人逐步把人从这些工作岗位上代替下来,将从根本上改善劳动条件。

(2) 在生产率和生产质量落后的部门应用机器人

现代化的大生产分工越来越细,操作越来越简单,劳动强度越来越大。机器人可以高效地完成一些简单、重复性的工作,使生产效率获得明显的改善。

工作节奏的加快,使工人的神经过于紧张,很容易疲劳,工人会由此造成失误,很难保证产品质量。而工业机器人完全不存在由于上述原因而引起的故障,可以不知疲倦地重复工作,有利于保证产品质量。

(3) 要估计长远需要

一般来讲,人的寿命比机械的寿命长,但是,如果经常对机械进行保养和维修,对易换件进行补充和更换,有可能使机械寿命超过人。另外,工人会由于其自身的意志而放弃某些工作,造成辞职或停工,而工业机器人没有自己的意愿,因此机器人不会在工作中途因故障以外的原因停止工作,能够持续从事人们所交给的工作,直至其机械寿命完结。

与只能完成单一特定作业的固定式自动化设备不同,机器人不受产品性能、所执行类型或具体行业的限制。若产品更新换代频繁,通常只需要重新编制机器人程序,并通过换装不同型式的"手部"的方法完成部分改装。

(4) 机器人的投入和使用成本

虽说机器人可以使人类摆脱很脏、很危险或很繁重的劳动,但是机器人的经济性也是一个关键问题。在经济方面所考虑的因素包括劳力、材料、生产率、能源、设备和成本等。

(5) 应用机器人时需要人

在应用工业机器人代替工人操作时,要考虑工业机器人的现实能力以及工业机器人技术知识的现状,并对未来给予预测。用现有的机器人原封不动地取代目前正在工作的所有工人,并接替他们的工作,显然是不可能的。

就工人的综合能力而言,机器人与人相比差距很大,例如,人从肩到五指,仅在一个手臂上就有27个自由度,而工业机器人的一个手臂,最多也只能有7个或8个自由度。人具有至少能搬运与自身重量相等的重物的能力和体重结构,而目前的工业机器人只能搬运相当于自身重量1/20左右的重物。在智能方面,人通过教育和经验,能获得许多记忆以外的全新事物,人能从保留至今的记忆中,选择与其有关的事物。此外,为处理这些记忆,人本身能编制出相应的程序,同时,还具备将处理结果反馈回来作为信息的经验增加到记忆中的自身增值能力和学习能力。而工业机器人只能在给定的程序和存储的范围内,对外部事物的变化做出相应判断,以目前工业机器人的智能,还无法不断地对预先给定程序以外的事物进行处理。无论从哪一方面进行比较,人和工业机器人之间都存在着很大的差别。

对工人而言,即使在个人之间存在着能力上的差别,但除了那些需要特殊技术或需要通过长期训练才能掌握的操作之外,一般人都能通过短时间的指导和训练很容易地掌握几种不同的作业,而且能在极短的时间内从一种作业变换为另一种作业,一个工人能在比较宽的范围内处理几种不同的工作。而机器人的通用性则较小,让工业机器人去完成这些工作是不可能的。为扩大灵活性，就要求工业机器人能够更换手腕，或增加存储容量和程序种类。

在平均能力方面，与工人相比，工业机器人显得过于逊色；但在承受环境条件的能力和可靠性方面，工业机器人比人优越。因此要把工业机器人安排在生产线中的恰当位置上，使它成为工人的好助手。

5.1.2 应用工业机器人的步骤

在现代工业生产中绝大部分情况都不是将机器人单机使用，而是将其作为工业生产系统的一个组成部分来使用。即使是单机使用，也还是将其视为系统的一个组成部分为宜。机器人应用于生产系统的步骤如下。

① 全面考虑并明确自动化要求，包括提高劳动生产率、增加产量、减轻劳动强度、改善劳动条件、保障经济效益和社会就业等问题。

② 制订机器人化技术。在全面和可靠的调查研究基础上，制订长期的机器人化计划，包括确定自动化目标、培训技术人员、编绘作业类别一览表、编制机器人化顺序表和大致日程表等。

③ 探讨采用机器人的条件。

④ 对辅助作业和机器人性能进行标准化。辅助作业大致分为搬运型和操作型两种。根据不同的作业内容、复杂程度或与外围机械在共同承担某项作业中的相互关系，所用机器人的坐标系统、关节和自由度数、运动速度、动作距离、工作精度和可搬运重量等也不同，必须按照现有的和新研制的机器人规格，进行标准化工作。此外，还要判断各机器人能具有哪些适于特定用途的性能，进行机器人性能及其表示方法的标准化工作。

⑤ 设计机器人化作业系统方案。设计并比较各种理想的、可行的或折中的机器人化作业系统方案，选定最符合使用目的的机器人及其配套来组成机器人化柔性综合作业系统。

⑥ 选择适宜的机器人系统评价指标。建立和选用适宜的机器人化作业系统评价指标与方法，既要考虑到能够适应产品变化和生产计划变更的灵活性，又要兼顾目前和长远的经济效益。

⑦ 详细设计和具体实施。对选定的实施方案进一步进行分步具体设计工作，并提出具体实施细则，交付执行。

5.2 喷涂机器人

由于喷涂工序中雾状漆料对人体有危害，喷涂环境中照明、通风等条件很差，而且不易从根本上改进，因此在这个领域中大量地使用了机器人。使用喷涂机器人，不仅可以改善劳动条件，而且还可以提高产品的产量和质量，降低成本。

喷涂机器人已广泛用于汽车车体、家电产品和各种塑料制品的喷涂作业。与其他用途的工业机器人比较，喷涂机器人在使用环境和动作要求上有如下特点：

① 工作环境包含易爆的喷涂剂蒸气；

② 沿轨迹高速运动，途径各点均为作业点；

③ 多数的被喷涂件都搭载在传送带上，边移动边喷涂。

因此对喷涂机器人有如下要求。

① 机器人的运动链要有足够的灵活性，以适应喷枪对工件表面的不同姿态要求。多关节型为最常用，它有 5 个或 6 个自由度。

② 要求速度均匀，特别是在轨迹拐角处误差要小，以避免喷涂层不均。

③ 控制方式通常以手把手示教方式为多见，因此要求在其整个工作空间内示教时省力，要考虑重力平衡问题。

④ 可能需要轨迹跟踪装置。

⑤ 一般均用连续轨迹控制方式。

⑥ 要有防爆要求。

喷涂机器人通常有液压喷涂机器人和电动喷涂机器人两类。采用液压驱动方式，主要是从充满可燃性溶剂蒸气环境的安全方面着想。近年来，由于交流伺服电动机的应用和高速伺服技术的进步，喷涂机器人已采用电驱动。为确保作业安全，无论何种型式的喷涂机器人都要求防爆结构，一般采用"本质安全防爆结构"，即要求机器人在可能发生强烈爆炸的危险中也能安全工作。防爆结构主要有耐压和内压防爆机构。

喷涂机器人的结构一般为6轴多关节型，图5-1所示为一典型的6轴多关节型液压喷涂机器人。它由机器人本体、控制装置和液压系统组成。手部采用柔性用腕结构，可绕臂的中心轴沿任意方向做弯曲，而且在任意弯曲状态下可绕腕中心轴扭转。由于腕部不存在奇异位形，所以能喷涂形态复杂的工件并具有很高的生产率。

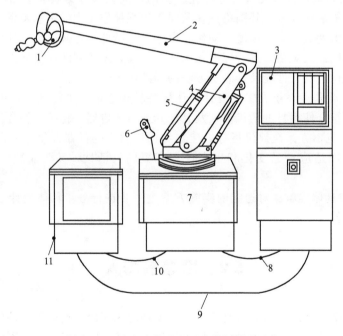

图 5-1　6轴多关节型液压喷涂机器人系统

1—操作机；2—水平臂；3—控制装置；4—垂直臂；
5—液压缸；6—示教手把；7—底座；8—主电缆；
9—电缆；10—软管；11—油泵

机器人的控制柜通常由多个CPU组成，分别用于伺服及全系统的管理、实时坐标变换、液压伺服控制系统、操作板控制。示教有两种方式：直接示教和远距离示教。远距离示教具有较强的软件功能，可以在直线移动的同时保持喷枪头姿态不变，改变喷枪的方向而不影响目标点。还有一种所谓的跟踪再现动作，只允许在传送带静止状态时示教，再现时则靠实时坐标变换连续跟踪移动的传送带进行作业。这样即使传送带的速度发生变化，也能保持喷枪与工件的距离和姿态一定，从而保证喷涂质量。

5.3 焊接机器人

(1) 弧焊机器人

弧焊机器人的应用范围很广,除汽车行业之外,在通用机械、金属结构等许多行业中都有应用。弧焊机器人应是包括各种焊接附属装置在内的焊接系统,而不只是以规划的速度和姿态携带焊枪移动的单机。图 5-2 所示为焊接系统的基本组成。

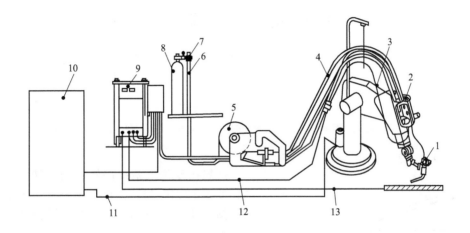

图 5-2 弧焊系统基本组成
1—焊枪;2—送丝电动机;3—弧焊机器人;4—柔性导管;5—焊丝轮;
6—气路;7—气体流量计;8—气瓶;9—焊接电源;10—机器人控制柜;
11—控制/动力电缆;12—焊接电缆;13—工作电缆

在弧焊作业中,要求焊枪跟踪焊件的焊道运动,并不断填充金属形成焊缝。因此,运动过程中速度的稳定性和轨迹精度是两项重要的指标。一般情况下,焊接速度约取 5~50mm/s,轨迹精度约为±(0.2~0.5)mm。由于焊枪的姿态对焊缝质量也有一定的影响,因此希望在跟踪焊道的同时,焊枪姿态的调整范围尽量大。此外,弧焊机器人还应具有抖动功能、坡口填充功能、焊接异常(如断弧、工件熔化等)检测功能、焊接传感器(起始点检测、焊道跟踪等)的接口功能。作业时为了得到优质的焊缝,往往需要在动作的示教以及焊接条件(电流、电压、速度)的设定上花费大量的劳力和时间。

图 5-3 为 TIG 弧焊机器人系统在宇航大型铝合金储箱箱底拼焊中的应用。宇航大型铝合金储箱箱底是重要的承力部件,其焊接质量直接关系到飞行试验的成败,因此设计时对焊缝质量提出了较高的要求。宇航大型铝合金储箱箱底是铝合金椭球形面组件,其典型结构如图 5-4 所示,它由顶盖、瓜瓣、叉形环三部分组焊而成,箱底直径为 2250~3350mm,材料为 2A14 和 5A06,厚度为 1.8~6.0mm。

这套机器人系统主要包括机器人本体、机器人控制器、TIG 焊接电源、送丝机、变位机和支臂等。机器人本体抓举力为 160N,驱动为交流伺服驱动,重复精度为±0.1mm,自由度数为 6。机器人控制器实现:

① 机器人实际焊接过程中,电流、电压实时显示并可通过示教盒进行微量调整;
② 为防止机器人意外碰撞受损,机器人上装有快速停止碰撞传感器;
③ 机器人还具有暂时停止、快速停止功能。

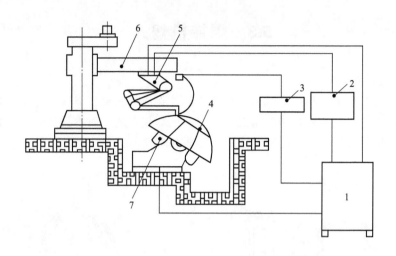

图 5-3 TIG 弧焊机器人系统
1—机器人控制器；2—TIG 焊接电源；3—送丝机；4—焊接夹具；
5—机器人本体；6—支臂；7—变位机

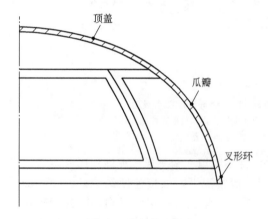

图 5-4 储箱箱底结构

焊接变位机系统翻转轴的翻转角度为0°～90°，旋转轴的旋转角度为±480°，花盘旋转径向圆跳动<0.1mm，转台翻转无抖动、爬行和卡死现象。

TIG 焊接电源主要技术参数为：电源类型为 OTC Invener ACCUTIG500P，AC20～500A；负载持续率为60%；脉冲频率为0.5～500Hz；占空比15%～85%；电流调节模式为机器人控制、面板调节；AC 波形为标准方波、软方波、正弦波。送丝机构的送丝直径为1.2～2.0mm，送丝模式为连续、断续，送丝速度为0.2～3m/min，速度调节模式为机器人设定、面板调节和远程遥控。

此套系统将机器人本体倒置，悬挂于支臂上，支臂可以上下移动、左右回转，以满足不同直径箱底的焊接要求。将变位机及模胎置于地坑内，此附加的两变位机轴可与机器人6轴实现联动，以保证纵缝、环缝和法兰盘焊缝的焊接位置始终处于水平状态。

通过箱底试验件的焊接，表明这套机器人系统可以满足纵缝、环缝的基本焊接要求。

图 5-5 所示为一种使用平面关节型工业机器人的电弧焊接和切割的工业机器人系统。该系统由焊接工业机器人操作机及其控制装置、焊接电源、焊接工具及焊接材料供应装置、焊接夹具及其控制装置组成。

弧焊工业机器人操作机外观图及其传动系统图如图5-6所示。该工业机器人由机身的回转 θ_1、大臂 10 绕 O_2 点的前后摆动回转 θ_2 和小臂 12 绕 O_3 点的上下俯仰回转 θ_3 构成位置坐标的3个自由度。小臂端部配置有手腕，可实现旋转运动 θ_4 和上下摆动 θ_5，形成手腕姿态的两个自由度。焊接工业机器人的主要规格、性能参数列于表5-1。

操作机的5个关节分别采用5个直流电动机伺服系统驱动，其型号、规格和技术性能参数

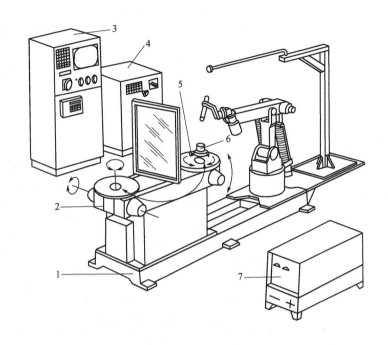

图 5-5 弧焊工业机器人系统
1—总机座；2—6 轴旋转换位器（胎具）；3—机器人本体控制装置；
4—旋转胎具控制装置；5—工件夹具；
6—工件；7—焊接电源

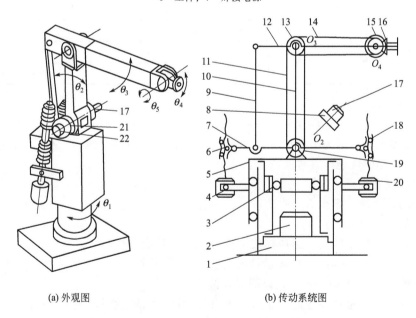

(a) 外观图　　　　　　　　(b) 传动系统图

图 5-6　5 自由度关节型工业机器人
1—机座；2,4,17,20,22—驱动电动机；3,8,21—谐波减速器；5—机身；
6,18—滚珠丝杠副；7—连杆；9,10,12—手臂连杆；11,14—链条（共 4 条）；
13,15,19—链轮（共 8 个）；16—锥齿轮传动

列于表 5-1 和表 5-2。传动机构为谐波齿轮减速器、链传动、锥齿轮传动等。其中，驱动电动机 4 和 20 直接带有谐波齿轮减速器。

表 5-1　焊接机器人主要规格性能表

项目		规格参数	项目		规格参数
操作机结构形式		关节型	额定载荷		100N
动作自由度数		5	动作方式		PTP、CP
动作范围	θ_1	最大：240°	示教方式		手把手示教或示教盒示教
	θ_2	最大：前40°，后40°	伺服控制系统	θ_1	MR08C 直流伺服电动机控制器 UGCMEM-08AA 直流伺服电动机
	θ_3	最大：向上20°，向下40°		θ_2	
	θ_4	最大：360°		θ_3	
	θ_5	最大：180°		θ_4	FR02RB 直流伺服电动机控制器 PMES-12 直流伺服电动机
瞬时最大速度	ω_1	90°/s		θ_5	
	v_2	800mm/s	重复精度		±0.2mm
	v_3	1100mm/s	控制方式		计算机控制
	ω_4	150°/s			
	ω_5	100°/s			

表 5-2　伺服控制系统的主要特性参数

项目 \ 型号	UGCMEM-08AA	PMES-12	项目 \ 型号	MR08C	FR02RB
额定功率/kW	0.71	0.19	额定功率/kW	0.77	0.2
额定转矩/(N·cm)	396	61.5	控制方式	晶体管脉宽调制(PWM)控制	
额定电流/A	6.7	6.4	调速范围	1:1000	1:1000
额定转速/(r/min)	1750	3000	额定输入参考电压/V	±6	±6
电枢飞轮力矩 GD^2/(N·m²)	5.3×10^{-3}	1.8×10^{-4}	输入阻抗/kΩ	20	10.5
			速度检测	测速机和光电编码器	

(2) 点焊机器人

点焊机器人被广泛用来焊接薄板材料。最初，点焊机器人只用于增强焊作业，即为已拼接好的工件增加焊点。后来为了保证拼接精度，又让机器人完成定位焊作业，点焊机器人逐渐被要求具有更全的作业性能，具体来说有：

① 高的加速度和减速度；
② 良好的灵活性，至少5个自由度；
③ 良好的安全可靠性；
④ 通常要求工作空间大，适应焊接工作要求，承载能力高；
⑤ 持重大（60~150kg），以便携带内装变压器的焊钳；
⑥ 定位精度高（±0.25mm），以确保焊接质量；
⑦ 重复性要求，可见焊点处小于等于1mm，不可见焊点处不大于3mm；
⑧ 考虑到焊接空间小，为避免与工件碰撞，通常要求小臂很长。

点焊机器人通常由机器人机械本体、控制系统和焊接设备等三部分组成。点焊机器人本体有落地式的垂直多关节型、悬挂式的垂直多关节型、直角坐标型和定位焊接用机器人。目前主流机型为多用途的大型6轴垂直多关节机器人，这是因为工作空间/安装面积之比大，持重多数为100kg左右，还可以附加整机移动的自由度。从机器人控制系统和点焊控制的结构关系上，点焊机器人可分为中央结构和分散结构两种。在中央结构中，机器人控制系统统一完成机器人运动和焊接工作及其控制；在分散结构中，焊接控制与机器人控制系统分离设置，自成一体，两者通过通信完成机器人运动和焊接工作。分散结构具有独立性强、调试灵活、维修方便、便于分工协作研制、焊接设备也易于作为通用焊机。

点焊机器人手臂上所握焊枪包括电极、电缆、气管、冷却水管及焊接变压器，焊枪相对比较重，要求手臂的负重能力较强。

在驱动形式方面，由于电伺服技术的迅速发展，液压伺服在机器人中的应用逐渐减少，甚至大型机器人也在朝电动机驱动方向过渡。

目前使用的机器人点焊电源有两种，即单相工频交流点焊电源和逆变二次整流式点焊电源。

东风汽车公司生产 EQ1141C 驾驶室总成的总装线上引入了点焊机器人，完成的焊点如图 5-7 所示。总共有 610 个焊点，分布于驾驶室的 6 大部分，焊点数多，且分布广，另外有些地方搭接层数不尽相同。

根据被焊工件的要求，选择了 IR761/125 型点焊机器人。IR761/125 型点焊机器人本体具有带辅助轴 7 个自由度，重复精度小于 ±0.3mm，工作范围体积为 37m³，载荷为 125kg。其外形轮廓如图 5-8 所示，其在竖直面的扫描范围如图 5-9 所示，其中，$A=3290mm$，$B=2510mm$，$C=1568mm$，$D=3152mm$，$E=942mm$。IR761/125 型机器人采用了交流伺服电动机驱动。控制系统的核心部分由主 CPU、从 CPU、伺服 CPU、I/O 接口、RCM 处理器和内部电源诊断器组成。

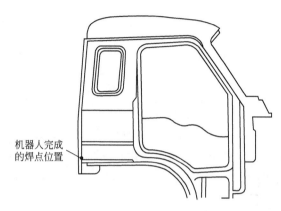

图 5-7 驾驶室焊点位置

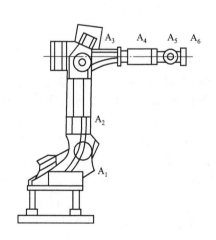

图 5-8 IR761/125 型点焊机器人

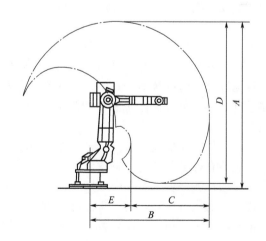

图 5-9 IR761/125 型点焊机器人工作范围

根据生产线的工艺流程，两台机器人布置于第 9 工位上，完成前围和后围上的所有焊点。机器人在总装线中的平面布置图如图 5-10 所示。

IR761/125 型机器人的机械传动部件制造精度高，驱动方式先进，控制系统的硬件和软件采用了分块设计方式，同时对温度、各轴的运动速度、加速度、位置、运动范围、电压进行监

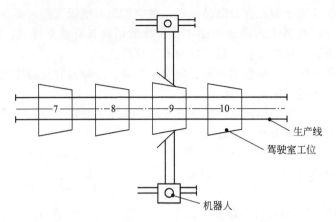

图 5-10　机器人在总装线中的平面布置图

控；另外，对计算机的主 CPU、从 CPU 以及伺服 CPU 也采用了监控技术，而且随时对 EPROM 进行检查。各功能模块都是相互独立且互锁的，这些措施将消除机器人的误动作。如果有某处出错，机器人将停止运行。其自我保护功能强，经试验证明其可靠性是能够满足使用要求的。

5.4　装配机器人

装配在现代工业生产中占有十分重要的地位。有关资料统计表明，装配占产品生产劳动量的 50%～60%，在有些场合这一比例甚至更高。例如，在电子厂的芯片装配、电路板的生产中，装配工作占劳动量的 70%～80%。由于机器人的触觉和视觉系统不断改善，可以把轴类件投放于孔内的准确度提高到 0.01mm 之间。目前已逐步开始使用机器人装配复杂部件，例如装配发动机、电动机、大规模集成电路板等。因此，用机器人来实现自动化装配作业是现代化生产的必然趋势。

对装配操作统计的结果表明，其中大多数为抓住零件从上方插入或连接的工作。水平多关节机器人就是专门为此而研制的一种成本较低的机器人，它有 4 个自由度：两个回转关节、上下移动以及手腕的转动。其中，上下移动由安装在水平臂的前端的移动机构来实现。手爪安装在手部前端，负责抓握对象物的任务，为了适应抓取形状各异的工件，机器人上配备各种可换手。

带有传感器的装配机器人可以更好地顺应对对象物进行柔软的操作。装配机器人经常使用的传感器有视觉传感器、触觉传感器、接近觉传感器和力传感器等。视觉传感器主要用于零件或工件的位置补偿，零件的判别、确认等。触觉和接近觉传感器一般固定在指端，用来补偿零件或工件的位置误差，防止碰撞等。力传感器一般装在腕部，用来检测腕部受力情况，一般在精密装配或去飞边一类需要力控制的作业中使用。恰当地配置传感器，能有效地降低机器人的价格，改善它的性能。

机器人进行装配作业时，除机器人主机、手爪、传感器外，零件供给装置和工件搬运装置也至关重要。无论从投资的角度还是从安装占地面积的角度，它们往往比机器人主机所占的比例大。周边设备常由可编程控制器控制，此外一般还要有台架、安全栏等。

零件供给器的作用是保证机器人能逐个正确地抓取待装配零件，保证装配作业正常进行。目前多采用的零件供给器有给料器和托盘。给料器用振动或回转机构把零件排齐，并逐个送到指定位置，它以输送小零件为主。托盘则是当大零件或易磕碰划伤的零件加工完毕后，将其码放在称为"托盘"的容器中运输，托盘能按一定精度要求把零件送到给定位置，然后再由机器人一个一个取出。由于托盘容纳的零件有限，所以托盘装置往往带有托盘自动更换机构。目前机器人利用视觉和触觉传感技术，已经达到能够从散堆状态把零件一一分拣出来的水平，这样在零件的供给方式上可能会发生显著的改观。

在机器人装配线上，输送装置承担把工件搬运到各作业地点的任务，输送装置中以传送带居多。通常是作业时传送带停止，即工件处于静止状态。这样，装载工件的托盘容易同步停止。输送装置的技术问题是停止精度、停止时的冲击和减速。

现以吊扇电动机自动装配作业系统为例，介绍装配作业机器人系统在实际中的应用。

用于吊扇电动机装配的机器人自动装配系统用于装配1400mm、1200mm和1050mm三种规格的吊扇电动机。图5-11所示是吊扇电动机的结构，它由下盖、转子组件、定子组件和上盖等组成。定子由上下各一个深沟球轴承支撑，而整个电动机则用三套螺钉垫圈连接，电动机重量约3.5kg，外径尺寸在180～200mm之间，生产节拍6～8s。使用装配系统后，产品质量显著提高，返修率降低至5‰～8‰。

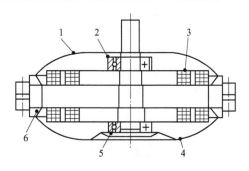

图 5-11 吊扇电机结构
1—上盖；2—上轴承；3—定子；
4—下盖；5—下轴承；6—转子

图5-12为机器人自动装配线的平面布置图。装配线的线体呈框形布局，全线有14个工位，34套随行夹具分布于线体上，并按规定节拍同步传送。系统中使用5台装配机器人，各配以一台自动送料机，还有压力机3台，各种功能的专用设备6台套。

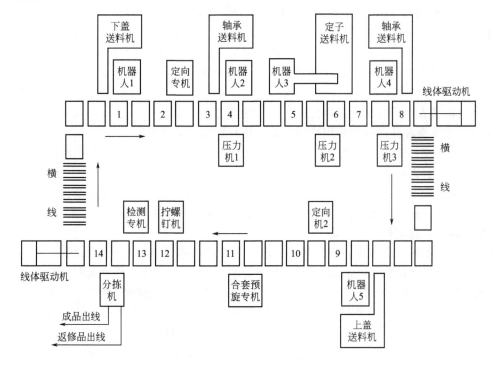

图 5-12 装配系统平面布置图

在各工位上进行的装配作业如下。

工位 1 机器人从送料机夹持下盖,用光电检测装置检测螺孔定向,放入夹具内定位夹紧。

工位 2 螺孔精确定位。先松开夹具,利用定向专机的三个定向销,校正螺孔位置,重新夹紧。

工位 3 机器人从送料机夹持轴承,放入夹具内的下盖轴承室。

工位 4 压力机压下轴承到位。

工位 5 机器人从送料机夹持定子,放入下轴承孔中。

工位 6 压力机压定子到位。

工位 7 机器人从送料机夹持上轴承,套入定子轴颈。

工位 8 压力机压上轴承到位。

工位 9 机器人从送料机夹持上盖,用光电检测螺孔定向,放在上轴承上面。

工位 10 定向压力机先用三个定向销把上盖螺孔精确定向,随后压头压上盖到位。

工位 11 三台螺钉垫圈合套专机把弹性垫圈和平垫圈分别套在螺钉上,送到抓取位置,三个机械手分别把螺钉夹持,送到工件并插入螺孔,由螺钉预旋专机把螺钉拧入螺孔三圈。

工位 12 拧螺钉机以一定扭矩把三个螺钉同时拧紧。

工位 13 专机以一定扭矩转动定子,按转速确定电动机装配质量,分成合格品或返修品,然后松开夹具。

工位 14 机械手从夹具中夹持已装好的或未装好的电动机,分别送到合格品或返修品运输出线。

电动机装配实质上包括轴孔嵌套和螺纹装配两种基本操作,其中,轴孔嵌套是属于过渡配合下的轴孔嵌套,这对于装配系统的设计有决定性影响。

(1) 装配作业机器人系统

装配系统使用机器人进行装配作业,机器人应完成如下操作:

① 利用机器人的堆垛功能,实现对零件的顺序抓取,并运送到装配位置;

② 配合使用柔顺定心装置,实现零件在装配位置上的自动定心和轴孔插入;

③ 利用机器人及其控制器,配合光电检测装置和识别微处理器,实现螺孔的识别、定向和螺纹装配;

④ 利用机器人的示教功能,简化设备安装调整工作;

⑤ 使装配系统容易适应产品规格的变化,具有更大的柔性。

根据上述操作,要求机器人有垂直上下运动,以抓取和放置零件;有水平两个坐标的运动,把零件从送料机运送到夹具上,还有一个绕垂直轴的运动,实现螺孔检测。因此,选择了具有 4 个自由度的 SCARA(Selective Compliance Assembly Robot Arm)型机器人。定子组件采用装料板顺序运送的送料方式,每一装料板上安放 6 个零件。机器人必须有较大的工作区域,因此选择了直角坐标型。

对两种型式的机器人来说,根据作业要求,平面移动范围有 600mm,而垂直坐标行程在工件装入定子组件之前取 100mm,在装入定子组件以后,由于定子轴上端有一个保护导线的套管,需要增加 100mm 行程,因此分别选择 100mm 和 200mm 两种规格。工厂要求的生产节拍为 6~8s 以内,以保证较高的生产率。为了达到这一要求,两种型式的机器人都选择高速型。其中,SCARA 型机器人第一臂和第二臂的综合运动速度为 5.2m/s,z 轴垂直运动速度 0.6m/s;直角坐标型机器人平面运动速度为 1.5m/s,垂直运动速度 0.25m/s。机器人持重由工件及夹持器重量决定,工件中重量最重的是定子组件,为 2.5kg,其余上下盖或轴承都比较轻，再考虑到夹持器的重量，选用持重 5kg 的机器人。为了提高定位精度，根据机器人生产厂家提供的技术资料，选择 SCARA 机器人的重复定位精度为±0.05mm，如图 5-13 所示。直角坐标型机器人为±0.02mm。

除装配机器人外，吊扇电动机自动装配系统还包括机器人夹持器、自动送料装置、螺孔定向装置、螺钉垫圈合套装置等。

（2）夹持器

机器人夹持器是机器人完成装配、搬运等作业的关键机械装置，通常使用气源、液压源、电力驱动，因此需要一套减速或传动装置，这将增加机器人的有效负荷，或是增加厂附属设施，增大了制造成本。

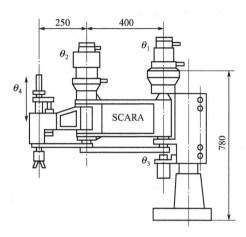

图 5-13 平面关节式机器人

采用形状记忆合金（SMA）驱动元件应用在机器人夹持器中，在一些场合中能代替传统的驱动元件（如电动机、油压或气压活塞），且由于驱动与执行器件集成于夹持器中，不需复杂的减速或传动装置。该种夹持器结构简单、重量轻、操作方便，非常适合于小负载、高速、高精度的机器人装配作业中使用。

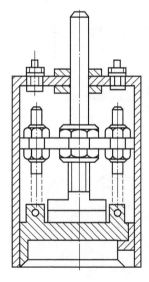

图 5-14 SMA 轴承夹持器结构图

SMA 轴承夹持器的结构如图 5-14 所示，其外形为直径 50mm、高 90mm 的圆柱体，重约 400g，可安装在 SCARA 机器人手臂末端轴上进行装配作业。其工作过程分为 4 个阶段：抓取、到位、插放、复位。

当夹持轴承时，夹持器先套入轴承，通电加热右侧记忆合金弹簧（SMA1），使其收缩变形，带动杠杆逆时针转动，轴承被夹紧；松夹时，SMA 断电，通电加热左侧记忆合金弹簧（SMA2），使其收缩变形而带动杠杆顺时针转动，松开轴承。其工作原理如图 5-15 所示。

（3）轴承送料机

轴承零件外形规则、尺寸较小，因此采用料仓式储料式储料装置。轴承送料机如图 5-16 所示，主要由一级料仓 6（料筒）、二级料仓 2、料道 3、给油器 10、机架 8、隔离板 4、行程程序控制系统和气压传动系统（包括输出气缸 1、隔离气缸 5、栋输送气缸 7 和数字气缸 9）等组成。物料储备 576 件，备料间隔时间约 1h。

为达到较大储量，轴承送料机采用多仓分装、多级供料的结构形式。设有 6 个一级料仓，每个料仓二维堆存，共 6 栋，16 层；一个二级料仓，一维堆存，1 栋，16 层。料筒固定，料筒中的轴承按工作节拍逐个沿料道由一个输出气缸送到指定的机器人夹持装置；当料筒耗空后，对准料筒的一级料仓的轴承在栋输送气缸的作用下，再向料筒送进 1 栋轴承；如此 6 次之后，该一级料仓轴承耗空，由数字气缸组驱动切换料仓，一级料仓按控制系统设定的规律依次与料筒对接供料，至耗空 5 个料仓后，控制系统发出备料报警信号。

（4）上、下盖送料机

上、下盖零件尺寸较大，如果追求增加储量，会使送料装置过于庞大，因此，着重从方便加料考虑，把重点放在加料后能自动整列和传送，所以采用圆盘式送料装置。上、下盖送料机如图5-17所示，它主要由电磁调速电动机及传动机构5、转盘4、拨料板3、送料气缸7、定位气缸8、导轨2、定位板1、机架6等组成。上、下盖物料不宜堆叠，采用单层料盘，储料21个。备料间隔时间约2min。

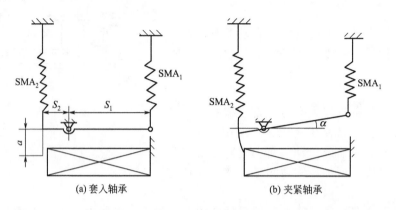

图5-15 SMA轴承夹持器的工作原理

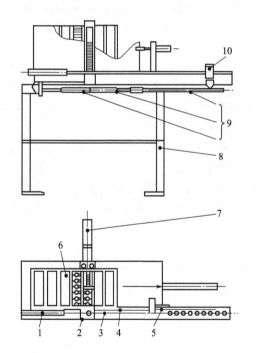

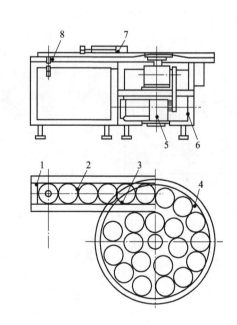

图5-16 轴承送料机

1—输出气缸；2—二级料仓；3—料道；4—隔离板；
5—隔离气缸；6—一级料仓；7—栋输送气缸；8—机架；
9—数字气缸；10—给油器

图5-17 上、下盖送料机

1—定位板；2—导轨；3—拨料板；4—转盘；5—传动机构；
6—机架；7—送料气缸；8—定位气缸

上、下盖送料机料盘为圆形转盘，盘面为3°锥面。电动机驱动转盘旋转，转盘带动物料做绕转盘中心的圆周运动，把物料甩至周边，利用物料的圆形特征和拨料板的分道作用，使物料在转盘周边自动排序，物料沿转盘边进入切线方向的直线料道。由于物料的推挤力，直线料道可得到连续的供料。在直线料道出口处，由送料气缸按节拍要求做间歇供料。物料抓取后，由定位气缸通过上、下盖轴承座位孔定位。

(5) 定子送料机

定子组件 1 由于已经绕上线圈，存放和运送时不允许发生碰撞，因此采取定位存放的装料板形式。定子送料机如图 5-18 所示。它由 11 个托盘 2、输送导轨、托盘换位驱动气缸、机架等组成。送料机储料 60 件，正常备料间隔时间约 3min。定子送料机采用框架式布置，矩形框四周设 12 个托盘位，其中一个为空位 4，用作托盘先后移动的交替位。矩形框的四边各设一个气缸，在托盘要切换时循环推动各边的托盘移动一个位。在工作位 3（输出位）底部设定位销给工作托盘精确定位，保证机器人与被抓定子的位置关系。

(6) 监控系统

由于装配线上有 5 台机器人和 20 多台套专用设备，它们各自完成一定的动作，既要保证这些动作按既定的程序执行，又要保证安全运转。因此，对其作业状态必须严格进行检测与监控，根据检测信号防止错误操作，必要时还要进行人工干预，所以监控系统是整条自动线的核心部分。

监控系统采用三级分布式控制方式，既实现了对整个装配过程的集中监视和控制，又使控制系统层次分明，职能分散。监控级计算机可对全线的工作状态进行监控。采用多种联网方式

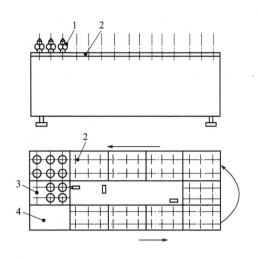

图 5-18 定子送料机
1—定子组件；2—托盘；3—工作位；4—空位

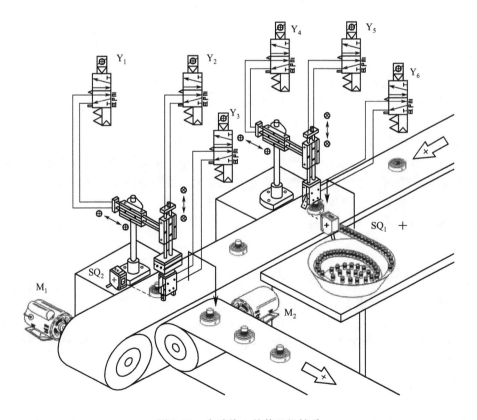

图 5-19 自动线上的传送机械手

保证整个系统运行的可靠性。在监控级计算机和协调级中的中型PLC/C200H之间使用RS-232串行通信方式，在协调级和各机器人控制器之间使用I/O连接方式，在协调级和各执行级控制器之间使用光缆通信方式，以保证各级之间不会出现数据的传输出错。数百个检测点，检测初始状态信息、运行状态信息及安全监控信息。在关键或易出故障的部位检测危险动作的发生，防止被装零件或机构相互干涉，当有异常时，发出报警信号并紧急停机。

(7) 自动线上的传送机械手

该系统如图5-19所示，由气动机械手、传输线和货料供给机所组成。

按下启动按钮，开始下列操作。

① 电机M_1正转，传送带开始工作，当到位传感器SQ_1为ON时，装配机械手开始工作。

② 第一步：机械手水平方向前伸（气缸Y_4动作），然后垂直方向向下运动（气缸Y_5动作），将料柱抓取起来（气缸Y_6吸合）。

③ 第二步：机械手垂直方向向上抬起（Y_5为OFF），在水平方向向后缩（Y_4为OFF），然后垂直方向向下（Y_5为ON）运动，将料柱放入到货箱中（Y_6为OFF），系统完成机械手装配工作。

④ 系统完成装配后，当到料传感器SQ_2检测到信号后（SQ_2灯亮），搬运机械手开始工作。首先机械手垂直方向下降到一定位置（Y_2为ON），然后抓手吸合（Y_3为ON），接着机械手抬起（Y_2为OFF），机械手向前运动（Y_1为ON），然后下降（Y_2为ON），机械手张开（Y_3为OFF），电机M_2开始工作，将货物送出。

5.5 搬运机器人

5.5.1 搬运机器人概述

搬运机器人是近代自动控制领域出现的一项高新技术，涉及力学、机械学、电气液压气动技术、自动控制技术、传感器技术、单片机技术和计算机技术等学科领域，已成为现代机械制造生产体系中的一项重要组成部分。它的优点是可以通过编程完成各种预期的任务，在自身结构和性能上有人和机器的各自优势，尤其体现出了人工智能和适应性。

搬运机器人机身紧凑，运行速度极快，适用于大、中型重物搬运。其独有的多功能设计广泛适应各种制造业需求。搬运机器人拥有高速机动能力，可充分适应对速度和柔性要求都较高的应用场合。设计紧凑的防护型机器人还能应用于普通机器人无法胜任的铸造、喷雾等生产环境。铸造专家型搬运机器人达到IP67防护等级，耐高压蒸汽清洗，是恶劣生产环境的理想选择。

5.5.2 搬运机器人的特点及分类

(1) 搬运机器人的特点

① 动作稳定，提高搬运准确性。

② 提高生产效率，解放繁重体力劳动，实现"无人"或"少人"生产。

③ 改善工人劳作条件，摆脱有毒、有害环境。

④ 柔性高，适应性强，可实现多形状、不规则物料搬运。

⑤ 定位准确，保证批量一致性。

⑥ 降低制造成本，提高生产效益。

(2) 搬运机器人的分类

搬运机器人也是工业机器人中的一员,其结构形式多和其他类型机器人相似,只是在实际制造生产中逐渐演变出多机型,以适应不同场合。按结构形式,搬运机器人可分为龙门式搬运机器人、悬臂式搬运机器人、侧壁式搬运机器人、摆臂式搬运机器人及关节式搬运机器人。

① 龙门式搬运机器人 龙门式搬运机器人坐标系主要由 X 轴、Y 轴和 Z 轴组成,多采用模块化结构,可依据负载位置、大小等选择对应直线运动单元及组合结构形式(在移动轴上添加旋转轴便可成为 4 轴或 5 轴搬运机器人)。其结构形式决定其负载能力,可实现大物料、重吨位搬运。采用直角坐标系,编程方便、快捷。其广泛应用于生产线转运及机床上、下料等大批量生产过程。

② 悬臂式搬运机器人 悬臂式搬运机器人坐标系主要由 X 轴、Y 轴和 Z 轴组成。悬臂式搬运机器人也可随不同的应用,采取相应的结构形式(在 Z 轴的下端添加旋转或摆动就可以延伸成为 4 轴或 5 轴机器人)。此类机器人结构多数为 Z 轴随 Y 轴移动,但有时针对特定的场合,Y 轴也可在 Z 轴下方,方便进入设备内部进行搬运作业。其广泛应用于卧式机床、立式机床、特定机床内部和冲压机、热处理机床的自动上、下料。

③ 侧壁式搬运机器人 侧壁式搬运机器人坐标系主要由 X 轴、Y 轴和 Z 轴组成。侧臂式搬运机器人也可随不同的应用,采取相应的结构形式(在 Z 轴的下端添加旋转或摆动就可以延伸成为 4 轴或 5 轴机器人),专用性强。其主要应用于立体库类,如档案自动存取、全自动银行保管箱存取系统等,如图 5-20 所示。

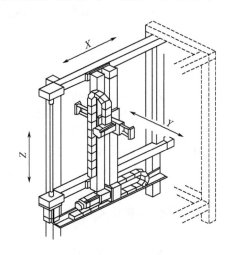

图 5-20 侧壁式搬运机器人

④ 摆臂式搬运机器人 摆臂式搬运机器人坐标系主要由 X 轴、Y 轴和 Z 轴组成。Z 轴主要是升降轴,也称为主轴。Y 轴的移动主要通过外加滑轨,X 轴末端连接控制器,其绕 X 轴的转动,实现 4 轴联动。此类机器人具有较高的强度和稳定性,是关节式机器人的理想替代品,但其负载程度相对于关节式搬运机器人小。

⑤ 关节式搬运机器人 关节式搬运机器人是当今工业中常见的机型之一,拥有 5 或 6 个轴,行为动作类似于人的手臂,具有结构紧凑、占地空间小、相对工作空间大、自由度高等特点,适合于几乎任何轨迹或角度的工作。采用标准关节机器人配合供料装置,就可以组成一个自动化加工单元。一个机器人可以服务于多种类型加工设备的上、下料,从而节省自动化的成本。由于采用关节机器人单元,自动化单元的设计制造周期短、柔性大,产品换型转换方便,甚至可以实现较大变化的产品形状的换型要求。

有的关节型机器人可以内置视觉系统，对于一些特殊的产品，还可以通过增加视觉识别装置，对工件的放置位置、相位、正反面等进行自动识别和判断，并根据结果进行相应的动作，实现智能化的自动化生产。同时可以让机器人在装卸工件之余进行工件的清洗、吹干、检验和去毛刺等作业，大大提高了机器人的利用率。关节机器人可以落地安装、天吊安装，也可以安装在轨道上服务更多的加工设备。例如，FANUC R-1000iA、R2000iB 等机器人可用于冲压薄板材的搬运，而 ABB IRB140、IRB6660 等多用于热锻机床之间的搬运。

综上所述，龙门式搬运机器人、悬臂式搬运机器人、侧壁式搬运机器人、摆臂式搬运机器人均在直角坐标系下作业，其工作主要是通过沿着 X、Y、Z 轴上的线性运动来完成的，所以不能满足对放置位置、相位等有特别要求的工件的上、下料作业需要。同时，如果采用直角式（桁架式）机器人上、下料，对厂房高度有一定的要求，且机床设备需"一"字并列排序。直角式（桁架式）搬运机器人和关节式搬运机器人在实际应用中都有以下特性：能够实时调节动作节拍、移动速率、末端执行器的动作状态；可更换不同末端执行器，以适应物料形状的不同，方便、快捷；能够与传送带、移动滑轨等辅助设备集成，实现柔性化生产；占地面积相对小，动作空间大，减少厂区限制。

关节式搬运机器人常见的本体一般为 4～6 轴。搬运机器人本体在结构设计上与其他关节式工业机器人本体类似，在负载较轻时两者本体可以互换，但负载较重时搬运机器人本体通常会有附加连杆，其依附于轴形成平行四连杆机构，起到支撑整体和稳固末端作用，且不因臂展伸缩而产生变化。6 轴搬运机器人本体部分具有回转、抬臂、前伸、手腕旋转、手腕弯曲和手腕扭转 6 个独立旋转关节，多数情况下 5 轴搬运机器人略去手腕旋转这一关节，4 轴搬运机器人则是略去了手腕旋转和手腕弯曲这两个关节运动。

认识了搬运机器人的种类及其特点，那么搬运机器人是否就是在工业机器人的本体上添加末端执行器（相应夹具）就可进行相应工作呢？其实不然，搬运机器人是包括相应附属装置及周边设备而形成的一个完整系统。以关节式搬运机器人为例，其工作站主要由操作机、控制系统、搬运系统（气体发生装置、真空发生装置和手爪等）和安全保护装置组成。操作者可通过示教器和操作面板进行搬运机器人运动位置和动作程序的示教，设定运动速度、搬运参数等。

搬运机器人的末端执行器是夹持工件移动的一种夹具，过去一种执行器（手爪）只能抓取一种或一类在形状、大小、重量上相似的工件，具有一定的局限性。随着科学技术的不断发展，执行器（手爪）也在一定范围内具有可调性，可配备感知器，以确保其具有足够的夹持力，保证足够夹持精度。常见的搬运末端执行器有吸附式、夹钳式和仿人式等。

（3）成品搬运机器人工作站

成品搬运机器人的任务是将打捆好的成品包从装运小车上搬下来，放到传送带上去。捆包的重量为 250kg（过去这项工作通常要由两个工人来翻转），如图 5-21 所示。

搬运机器人夹钳式、仿人式手爪一般都需要单独外力进行驱动，即需要连接相应外部信号控制装置及传感系统，以控制搬运机器人手爪实时的动作状态及力的大小，其手爪驱动方式多为气动、电动和液压驱动（对于轻型和中型的零件多采用气动的手爪，对于重型零件采用液压手爪，对于精度要求高或复杂的场合采用电动伺服的手爪）。驱动装置将产生的力或扭矩，通过传动装置传递给末端执行器（手爪），以实现抓取与释放动作。依据传动装置开启闭合的状态，传动装置可分为回转型和移动型。回转型传动装置是夹钳式传动装置的常用形式，是通过斜楔、滑槽、连杆、齿轮螺杆或蜗轮蜗杆等机构组合形成的，可适时改变传动比以实现对夹持工件不同力的需求。移动型传动装置是指手爪做平面移动或直线往复移动来实现开启闭合，多用于夹持具有平行面的工件，设计结构相对复杂，应用不如回转型传动装置广泛。

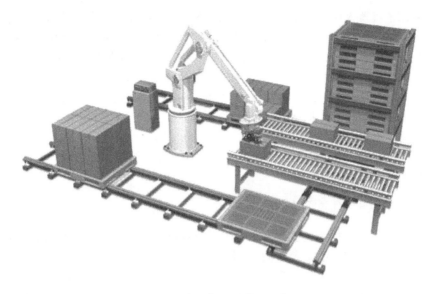

图 5-21 成品搬运机器人工作站

5.6 冲压机器人

5.6.1 FAUNC 冲压机器人

在 FANUC 冲压技术中，iPendant New 是其最新一代机器人示教器，无须 PC 支持，可通过示教器本身直接监控当前工作状态。Vision Mastering 功能选项通过视觉来快速、精确地校准机器人零位，可使机器人迅速从故障中恢复。Vision Shift 功能选项也通过视觉来调整目标工件位置的前后偏差，减少程序与示教时间。

R-20001B/100P/200P/300P 是 FANUC 最新推出的 3 款冲压专用机器人，在大型搬运机器人的基础上，提升了电动机功率及减速机规格，加长了机器人手臂，并采用了适合冲压上下料轨迹的棚架式安装结构。

5.6.2 KUKA 冲压机器人

KUKA 冲压机器人采用 Windows XP 操作系统，第 7 轴旋转端拾器结构简单，外形美观，板料平行移动，搬运轻盈稳定，抓取覆盖面大且快速。

KUKA 的冲压专用机器人系列有 KR80-2P、KR100-2P、KR120-2P、KR360/150-2P 四款，承载能力依次提高。KR120-2P 机器人最大工作范围达 3500mm，负荷 120kg，附加负荷 50kg，可用于冲压作业中、大型件的搬运，宝马公司在雷根斯堡的工厂就使用该机器人传送宝马 1 系列及 3 系列车型的整个前后轴及车门。在 Buderus 精炼钢锻造技术有限公司的货车轮毂冲压生产线中，使用该类型机器人为生产线传送温度高达 1250℃ 的冲压件。

5.6.3 ABB 冲压机器人

ABB 冲压自动化领域的关注重点主要分为柔性机器人、旋转 7 轴、FCB 单臂、KBS 双臂冲压自动化系统、DDC 伺服压力机技术、同步冲压自动化技术等。

ABB 最适合冲压的两款机器人是 IRB6660/IRB7600 系列。IRB6660 冲压专用机器人外形更加坚固，去掉了机器人向后的工作空间，响应速度和可靠性非常高，特别适合拆垛和上下料工作。2008年，长安铃木汽车公司冲压自动化生产线采用了IRB6660型冲压机器人。该机器人工作范围为3100mm，承载能力达130kg。IRB6660主要目标是为线上压机管理提供快捷的机器人解决方案，该类产品采用了ABB的第7轴专利技术，能够实现独立运动，使生产线的平面布置更为灵活，从而缩小了压机设备之间的距离，令整线配置更加紧凑，生产效率提高，工作节拍由原来的每分钟5件提高到每分钟10件。

IRB7600承载能力更强、更快速，最大承重能力高达650kg。为提高生产率，末端能加设较重的辅助设备。IRB7600适用于各行业重载场合，具有大转矩、大惯性、刚性结构及卓越的加速性能等特性。

5.6.4　KAWASAKI冲压机器人

川崎最新Z系列通用机器人适合汽车冲压线的重型搬运工作，其全部机种均具有130kg以上的负载能力，具有工作范围大、循环时间短、电源消耗少、机体占用空间小的优点。ZX165U型机器人可以在用户工厂通过简单的软、硬件改造，升级到更高的负载能力，使得冲压线的高效生产更容易、更经济，因此在设计规划阶段无须进行太过精确的选型。该机器人的低维护设计适合多数的工业应用，并提高了汽车工业和一般工业应用的生产线效率。除了汽车工件冲压送料外，该机器人还可以应用于装配、分发、制作、机床送料、物料搬运、物料移载、封装及点焊等。

练习与思考

1. 论述机器人的发展和应用会对人类产生什么样的影响，试从社会、经济和人民生活等方面阐述你的看法。
2. 列举出应用工业机器人带来的好处。
3. 应用工业机器人时必须考虑哪些因素？
4. 查阅资料，机器人的应用现状和发展前景如何？
5. 查阅资料，以一类应用领域的机器人为例，详细介绍它们目前的应用现状、技术要点和难点，以及未来发展的方向。

第2篇

实 训 篇

第6章　实训理论

第7章　实操实例

第6章 实训理论

6.1 基本结构

6.1.1 实训桌

如图 6-1 所示,实训桌采用铝合金型材制作,桌面横向 T 形沟槽可供活动安装各类模块底座,桌脚安装万向轮,方便移动,表面银色硬质氧化,具有轻便、美观等特点。

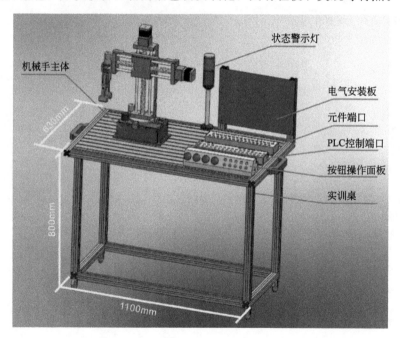

图 6-1 实训桌

6.1.2 按钮操作面板

按钮操作面板上集成了电源急停、PLC 电源开关、旋转切换开关 SA1/SA2、复位按钮开关 SB1~SB10(图 6-2),并将开关内部公共端集成相接,触点端开放至后方小面板以便使用。使用时只需挑选使用的相应开关,通过插线直接与控制器端口连接即可。

(1) 电源急停按钮

电源急停按钮是为了在应急情况下快速切断电源而设置。一般在不明原因错误的情况下按下,系统即可立刻断开电源。

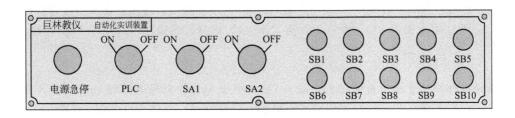

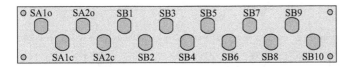

图 6-2　按钮操作面板

（2）PLC 电源开关

控制供给 PLC 电源的钥匙开关，在进行接线与需在硬件复位 PLC 时关闭该开关，PLC 断电。注意：在确定了外部接线完全正确后才能打开 PLC 电源，以防误接线造成控制器损坏。一旦出错，应立即按下急停按钮。

（3）SA 旋转开关

该开关为二位双触点开关，开关的一端与电源公共端相接，另一端连接至小面板中的 SA*o/SA*c，其中字母"o"代表的是常开触点，字母"c"代表的是常闭触点。使用时用连接导线与控制器接口连接即可。

（4）SB 复位按钮

该按钮为带灯式自动复位按钮，按下时触点接通，松开后触点断开。大面板中 SB1～SB10 为安装按钮位置，小面板中的 SB1～SB10 是对应的开关触点。

注意：不要将开关触点直接与电源"＋/－"相连，以免造成短路。

6.1.3　PLC 控制端口

面板是将控制器 PLC 的输入/输出端口对应地引接到面板中，面板中每个端口与 PLC I/O 点一一对应，使用时只要将外部的检测与执行部件信号线通过插线直接连接到面板中即可。PLC 控制端口如图 6-3 所示。

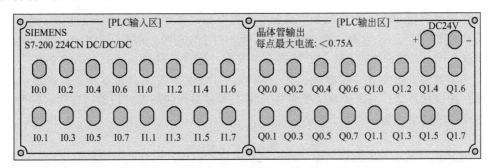

图 6-3　PLC 控制端口

面板对 S7-200 224CN PLC 输入/输出端口引出开放，I0.0～I1.6 口对应的是 PLC 输入接口 I0.1～I1.7，Q0.0～Q1.6 口对应的是 PLC 输出接口 Q0.1～Q1.7，系统中输入端"1M"接外部电源"＋"极，输入"I"接收低电平信号，输出"Q"输出高电平信号，PLC 输出为晶体管输出。在驱动较大负载时，中转继电器最大单触点电流应＜0.75A。由于在系统的内部公共接线端已经连接,在使用时只需将外部元器件信号/控制端通过连接插线直接连接即可。

注意:PLC输出接口"Q"不可与电源"+/-"极直接连接,以防损坏PLC输出端。

6.1.4 元件端口

面板是将在机械手中所有使用到的输入/输出控制元器件信号端以编号形式引入面板中,使用时只需根据需要将它与控制器端口经连接插线连接即可。元件端口如图6-4所示。

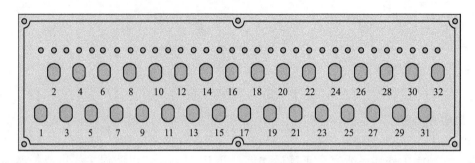

图 6-4 元件端口

面板对机械手检测与执行部件信号端口与控制端口集成开放,1#~7#为检测开关A1~A7信号输出端,8#~11#为限位开关SQ1~SQ4信号输出端,15#~18#为步进电机控制端口,20#~23#为中间继电器KA1~KA4控制端口。24#~25#为电磁阀控制端口,26#~27#为警示灯控制端口,28#~30#为旋转编码器控制端口。面板中各个元件信号/控制端在使用时只需与PLC通过连接插线连接即可。

注意:不要将电源线"+/-"极直接连接到A*或SQ*开关中,如果有错可能会造成元器件短路损坏。

6.1.5 电气安装板

该处将安装设备控制器的主要元件,如电源总闸、电源指示、电源插头、直流电源、电机驱动器、中间继电器等重要元件,可直观看到每个器件的工作状况。

6.1.6 状态警示灯

警示灯采用外径60mm的标准型产品,有点亮型和常亮型两个系列可供选择。指示灯与蜂鸣器可同步工作,也可独立工作。外壳采用优良性能的工业塑料,增强了耐用性、安全性,采用直交型棱镜设计,有较好的散光性。报警器采用底座式固定,特殊连接设计,具备了一定的抗震功能。光源类型采用发光二极管和白炽灯两种。可按实际需求,调整固定杆长度和结构层次,个体之间连接严紧,外形美观。警示灯可用于多种多样的机器及报警监视等各种警示监控场所。指示灯的技术参数如表6-1所示。

表 6-1 指示灯的技术参数

技术参数	参数值
工作环境温度	-25~55℃
空气相对湿度	≤98%
海拔高度	≤2000m
耐振动性	50Hz,振幅约1.2mm

续表

技术参数	参数值
连续工作时间	5000h(白炽灯常亮型) 3000h(白炽灯闪亮型) 40000h(LED灯常亮型) 25000h(LED灯闪亮型)
声压强度	85~90dB(1m)
污染等级	3级
防护等级	IP42

接线说明

① 警示灯为 DC24V 供电,不要在其他超电压或欠电压电源中使用。

② 警示灯有绿色和红色两种颜色。引出线五根,其中并在一起的两根粗线是电源线(红线接"+24",黑红双色线接"GND"),其余三根是信号控制线(棕色线为控制信号公共端,如果将控制信号线中的红色线和棕色线接通,则红灯闪烁,若将控制信号线中的绿色线和棕色线接通,则绿灯闪烁)。

6.1.7 机械手主体

机械手主体如图 6-5 所示。

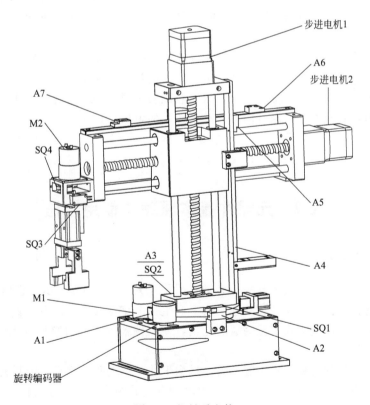

图 6-5 机械手主体

旋转编码器:用于检测主手底座旋转角度,与底座轴、电机(M1)轴同时由一条同步带传动,传动比为 1:1,所以编码器输出的旋转角度也是主手旋转的角度。

M1：主手架旋转电机，用于驱动主手架左右旋转。

M2：手爪旋转电机，用于驱动控制气动手爪来回旋转。

步进电机1：用于驱动手上下来回移动。

步进电机2：用于驱动手左右来回移动。

A1：霍尔式接近开关，用于检测手底转盘定零位。当霍尔开关检测到转盘中嵌入的磁铁时，表明机械手已旋转到零位。

A2：限位式接近开关，用于检测手底转盘向右转限位。当转盘转至最右边时，A2发出右边限位信号。

A3：限位式接近开关，用于检测手底转盘向左转限位。当转盘转至最左边时，A3发出左边限位信号。

A4：扁平式接近开关，用于检测上下移动限位。当手移动到最下方时，A4发出下方限位信号。

A5：扁平式接近开关，用于检测上下移动限位。当手移动到最上方时，A5发出上方限位信号。

A6：扁平式接近开关，用于检测前后移动限位。当手移动到最后方时，A6发出后方限位信号。

A7：扁平式接近开关，用于检测前后移动限位。当手移动到最前方时，A7发出前方限位信号。

SQ1：触碰微动式行程开关，用于手底转盘向右旋转的硬限位。当转盘转动到超出A2行程限位时，触碰开关会断开电机向右转动电源，使电机停止向右转动并发出限位信号。

SQ2：触碰微动式行程开关，用于手底转盘向左旋转的硬限位。当转盘转动到超出A3行程限位时，触碰开关会断开电机向左转动电源，使电机停止向左转动并发出限位信号。

SQ3：触碰微动式行程开关，用于手爪向右旋转的硬限位。当手爪电机（M2）向右旋转至设定最右方时，触碰开关会断开向右转动电源，使电机停止并发出信号。

SQ4：触碰微动式行程开关，用于手爪向左旋转的硬限位。当手爪电机（M2）向左旋转至设定最左方时，触碰开关会断开向左转动电源，使电机停止并发出信号。

6.2 元器件基本原理与使用方法

6.2.1 扁平式接近开关

扁平式接近开关也称无接触开关、无触点行程开关，如图6-6所示。它由振荡器和整形放大器组成。振荡器起振后，在开关的感应头上产生一个交变的磁场，当金属接近感应区时，在金属体内产生涡流，从而吸收了振荡器的能量，使振荡器停振，由整形放大器转换成电信号，从而达到检测的目的。

在实训装置中用到的扁平式接近开关，呈扁平状，尾端两孔用来固定开关。开关头部为感应区，感应区能检测到的距离约5mm，当检测到有金属物体时指示灯亮起。

开关性能

① 检测距离：1～5mm。

② 工作电压：DC24V。

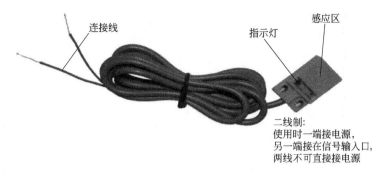

图 6-6 扁平式接近开关实物图

③ 工作电流：＜5mA。
④ 响应频率：5000Hz。
⑤ 输出驱动电流：100mA，感性负载 50mA。
⑥ 温度范围：-10～70℃。

接线说明

① 该传感器为 DC24V 供电，不要在其他超压或欠压电源中使用。

② 该传感器为二线制接近开关，在使用时必须是一端接在触发电源，另一端接在可编程控制器的输入端口。例如，当 PLC 输入 COM 端接"24V-"时，电感式接近开关的"24V+"线接在电源的 24V+极，另一端则接到可编程控制器输入端。当检测有信号发生时，开关接通。

③ 传感器两端绝对不能同时直接接在电源的"+""-"极上，这样当开关有信号发生时会产生短路，烧毁传感器或电源。

6.2.2 限位式接近开关

限位式接近开关也称无接触开关、无触点行程开关，如图 6-7 所示。它由振荡器和整形放大器组成。振荡器起振后，在开关的感应头上产生一个交变的磁场，当金属接近感应区时，在金属体内产生涡流，从而吸收了振荡器的能量，使振荡器停振，由整形放大器转换成电信号，从而达到检测的目的。

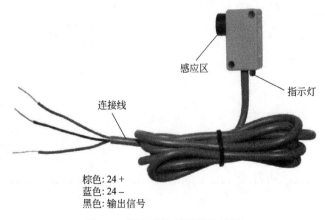

图 6-7 限位式接近开关实物图

在实训装置中用到的限位式接近开关呈扁平状，突出部分为感应区，探测头能检测到的距离约 0～5mm。当检测到有物体时指示灯亮起，黑色信号线发生信号变化。

开关性能

① 检测距离：1～5mm。

② 工作电压：DC24V。

③ 工作电流：<5mA。

④ 响应频率：5000Hz。

⑤ 输出驱动电流：100mA，感性负载50mA。

⑥ 温度范围：-10～70℃。

接线说明

① 该传感器为DC24V供电，不要在其他超压或欠压电源中使用。

② 传感器为三线制接近开关，使用时必须正确连接传感器正、负极连接线，黑色信号线接入可编程控制器输入端口。

③ 传感器黑色信号线不能直接接在电源的"+""-"极上，这样当开关有信号发生时会产生短路，烧毁传感器或电源。

6.2.3 霍尔传感器

金属或半导体薄片置于磁感应强度为 B 的磁场中，磁场方向垂直于薄片，当薄片电流流过薄片时，在垂直于电流和磁场的方向上将产生电动势，这种现象称为霍尔效应，两端具有的电位差值称为霍尔电势 U，其表达式为 $U=KIB/d$。其中，K 为霍尔系数，I 为薄片中通过的电流，B 为外加磁场（洛伦兹力）的磁感应强度，d 是薄片的厚度。由此可见，霍尔效应的灵敏度高低与外加磁场的磁感应强度成正比的关系。通常销售的霍尔开关属于这种有源磁电转换器件，它是在霍尔效应原理的基础上，利用集成封装和组装工艺制作而成，它可方便地把磁输入信号转换成实际应用中的电信号，同时又具备工业场合实际应用易操作和可靠性的要求。霍尔元件如图6-8所示。

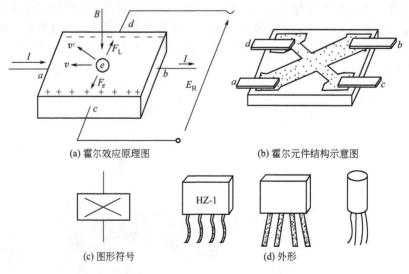

(a) 霍尔效应原理图 (b) 霍尔元件结构示意图

(c) 图形符号 (d) 外形

图6-8 霍尔元件

霍尔开关的输入端是以磁感应强度 B 来表征的。当 B 值达到一定的程度（如 B_1）时，霍尔开关内部的触发器翻转，霍尔开关的输出电平状态也随之翻转。输出端一般采用晶体管输出，和接近开关类似，有NPN、PNP、常开型、常闭型、锁存型（双极性）、双信号输出之分。

霍尔开关具有无触电、低功耗、长使用寿命、响应频率高等特点，内部采用环氧树脂封灌成一体化，所以能在各类恶劣环境下可靠地工作。霍尔开关的功能类似干簧管磁控开关，但是比它寿命长、响应快，无磨损，而且安装时要注意磁铁的极性，磁铁极性装反则无法工作。霍尔开关可应用于接近开关、压力开关、里程表等，作为一种新型的电气配件。

图 6-9 所示为霍尔式接近开关实物图。这是最常用的霍尔开关，它的直径为 12mm，固定时只要在设备外壳上打一个 12mm 的圆孔就能轻松固定，长度约 30mm。背后有工作指示灯，当检测到物体时红色 LED 点亮，平时处于熄灭状态，非常直观。引线长度为 100mm。

图 6-9 霍尔式接近开关实物图

如图 6-10 所示，这种接近开关的输出采用 NPN 型三极管集电极开漏输出模式，也就是说模块的黑线就是三极管的集电极，如果模块检测到信号，三极管就会导通，将黑线下拉到地电平，黑线和棕线之间就会出现电源电压，如果电源是 12V 的，那么这个电压就是 12V，如果电源是 24V，这个电压就是 24V。一般三极管的驱动能力约 100mA 左右，所以可以直接驱动继电器等小功率负载。如果希望得到的是一个电压信号，可以在黑线和棕线之间接一个 1kΩ 的电阻，这时模块没有信号时，黑线就是电源+电压，模块检测到信号时，黑线跳变成电源地（实际是 0.2V，三极管的导通压降）。如图 6-11 所示。

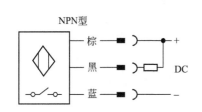
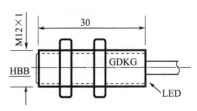

图 6-10 常见霍尔开关

工作性能

① 检测距离：1～10mm。
② 工作电压：DC20～25V。
③ 工作电流：小于 5mA。
④ 响应频率：5000Hz。
⑤ 输出驱动电流：100mA，感性负载 50mA。
⑥ 温度范围：-25～70℃。
⑦ 安装方式：埋入式。

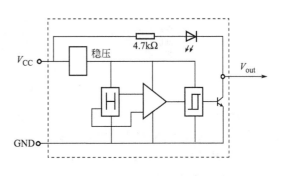

图 6-11 霍尔式接近开关内部原理图

接线说明

① 该传感器为 DC24V 供电，不要在其他超压或欠压电源中使用。
② 传感器为三线制接近开关，使用时必须正确连接传感器正、负极连接线，黑色信号线接入控制器的输入端口。
③ 传感器黑色信号线不能直接接在电源的"+""-"极上，这样当开关有信号发生时会产生短路，烧毁传感器或电源。

6.2.4 触碰微动式行程开关

微动开关是一种施压促动的快速开关，又叫灵敏开关，如图 6-12 所示。其工作原理是：外机械力通过传动元件（按销、按钮、杠杆、滚轮等）将力作用于动作簧片上，并将能量积聚到临界点后，产生瞬时动作，使动作簧片末端的动触点与定触点快速接通或断开。当传动元件上的作用力移去后，动作簧片产生反向动作力，当传动元件反向行程达到簧片的动作临界点后，瞬时完成反向动作。微动开关的触点间距小，动作行程短，按动力小，通断迅速。其动触点的动作速度与传动元件动作速度无关。微动开关以按销式为基本型，可派生按钮短行程式、按钮大行程式、按钮特大行程式、滚轮按钮式、簧片滚轮式、杠杆滚轮式、短动臂式、长动臂式等。微动开关在电子设备及其他设备中用于需频繁换接电路的自动控制及安全保护等装置中。微动开关分为大型、中型、小型，按不同的需要又可以分为防水型（放在液体环境中使用）和普通型。开关连接两个线路，为电器、机器等提供通断电控制，广泛应用在鼠标、家用电器、工业机械、摩托车等地方，开关虽小，但起着不可替代的作用。

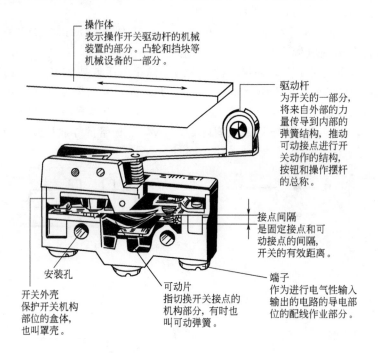

图 6-12　触碰微动式行程开关

接线说明

① 该传感器为 DC24V 供电，不要在其他超压或欠压电源中使用。

② 传感器为三线制接近开关，使用时必须正确连接传感器正、负极连接线，黑色信号线接入控制器的输入端口。

③ 传感器的黑色信号线不能直接接在电源的"＋""－"极上，这样当开关有信号发生时会产生短路，烧毁传感器或电源。

6.2.5 步进电机控制说明

步进电机是一种电脉冲信号转换成机械角位移的机电执行元件，如图 6-13 所示。当有脉冲信号输入时，步进电机就一步一步地转动，每个输入脉冲对应电机的一个固定转角，故称为步进电机。步进电机属于同步电机，多数情况用作伺服电机，且控制简单，工作可靠，能够得到较高的精度。它是唯一能够以开环结构用于数控机床的伺服电动机。

步进电机按其励磁相数可分为三相、四相、五相、六相等；按其工作原理可分为反应式、永磁式和混合式三大类。

步进电机的基本特点如下。

① 步进电机受点脉冲信号的控制。每输入一个脉冲信号，就变换一磁绕组的通电状态，电机就相应地转动一步，因此，电机的总回转角和输入脉冲个数严格成正比关系，电机的转速则正比于脉冲的输入频率。改变步进电机定子绕组的通电顺序，可以获得所需要的转向。改变输入脉冲的频率，则可以得到所需要的转速（但是不能够超出极限频率）。

图 6-13　步进电机外形图

② 当步进电机脉冲输入停止时，只要维持绕组的激励电流不变，电机保持在原固定位置上，因此可以获得较高的定位精度，不需要安装机械制动装置，从而达到精确制动。

③ 误差不长期积累，转角精度高。由于每转过 360°后，转子的累积误差为零，转角精度较高，反应快。

④ 缺点是效率低，没有过载能力。

⑤ 步距角的大小和通电方式、转子齿数、定子励磁绕组的相数的关系（本实验$\alpha=1.8°$）：

$$\alpha = 360°/mZK$$

式中　m——步进电机的相数；

　　　Z——转子齿数；

　　　K——通电方式系数，相邻两次通电，相的数目相同 $K=1$，相的数目不同 $K=2$。

步进电机的电源驱动可参考相关书籍。

6.2.6　步进电机驱动器说明（两相双极微步型 2M420）

（1）特点

供电电压最大可达 DC40V。

采用双极恒流驱动方式，最大驱动电流可达每相 2.5A，可驱动电流小于 2.5A 的任何两相双极型混合式步进电机。

对于电机的驱动输出相电流，可通过 DIP 开关调整，以配合不同规格的电机。

具有 DIP 开关，可设定电机静态锁紧状态下的自动半流功能，可以大大降低电机的发热。

采用专用驱动控制芯片，具有最高可达 256 的细部功能，细部可以通过 DIP 开关设定，保证提供最好的运行平稳性能。

具有脱机功能，在必要时关闭给电机的输出电流。

控制信号的输入电路采用光耦器件隔离，以降低外部电气噪声干扰的影响。

（2）规格参数

2M420 规格参数如表 6-2 所示。

表 6-2 规格参数

技术参数	参数值	技术参数	参数值
供电电压	DC(24～40)V	使用环境要求	避免金属粉尘、油雾或腐蚀性气体
输出相电流	0.3～2.5A	使用环境温度	－10～＋45℃
控制信号输入电流	6～20mA	使用环境湿度	＜85％非冷藏
冷却方式	自然风冷	重量	0.4kg

(3) 典型接线图

典型接线图如图 6-14 所示。

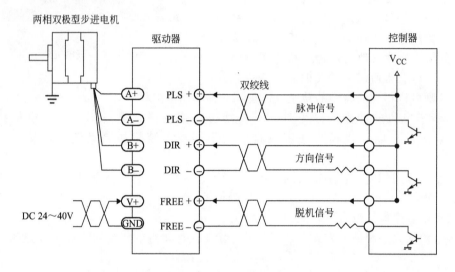

图 6-14 典型接线图

(4) DIP 开关功能说明

在驱动器的顶部有一个红色的 8 位 DIP 功能设定开关，如图 6-15 所示，可以用来设定驱动器的工作方式和工作参数，使用前务必仔细阅读参考。注意，更改拨码开关的设定之前必须先切断电源。

DIP 开关的正视图相关说明如表 6-3 所示。

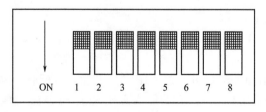

图 6-15 DIP 开关功能

表 6-3 DIP 开关的正视图

开关序号	ON 功能	OFF 功能	特别说明
DIP1～DIP4	细分设置用	细分设置用	
DIP5	静态电流半流	静态电流半流	
DIP6～DIP8	输出电流设置用	输出电流设置用	

细分设定表如表 6-4 所示。

表 6-4 DIP 细分设定

DIP2	DIP3	DIP4	DIP 为 ON 细分	DIP 为 OFF 细分
ON	ON	ON	N/A	2
OFF	ON	ON	4	4
ON	OFF	ON	8	5
OFF	OFF	ON	16	10
ON	ON	OFF	32	25
OFF	ON	OFF	64	50
ON	OFF	OFF	128	100
OFF	OFF	OFF	256	200

注：N/A 代表无效，五整步功能，禁止将拨码开关拨到 N/A 挡。

注意事项：按如图 6-16 所示正确拨动 DIP 开关。

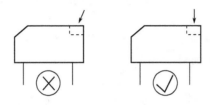

图 6-16 拨动 DIP 开关

注意：当控制器的控制信号的电压为 5V 时，连接线路中的电阻为 0Ω；当控制器的控制信号的电压为 24V 时，为保护控制信号的电流符合驱动器的要求，在连接线路中的电阻为 2kΩ。

（5）电流整流说明

在驱动器的顶部有一个红色的 8 位 DIP 功能设定开关，如图 6-17 所示，可以用来设定驱动器的输出相电流，使用前务必仔细阅读参考。

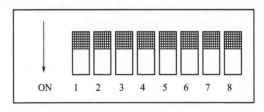

图 6-17 DIP 开关的正视图

输出相电流设定表如表 6-5 所示。

表 6-5 输出相电流设定表

DIP6	DIP7	DIP8	输出电流峰值
ON	ON	ON	0.3A
ON	OF	OFF	0.6A
ON	OFF	ON	0.8A

续表

DIP6	DIP7	DIP8	输出电流峰值
ON	OFF	OFF	1.2A
OFF	ON	PN	1.4A
OFF	ON	OFF	1.6A
OFF	OFF	ON	2.0A
OFF	OFF	OFF	2.5A

(6) 电源供给

电源电压在 DC(24～80)V 之间都可以正常工作，驱动器可采用非稳压型直流电源供电，也可以采用变压器降压＋桥式整流＋电容滤波，电容可取大于 $2200\mu F$。但注意应使整流后电压纹波峰值不超过80V，避免电网波动超过驱动器电压工作范围。如果使用稳压型开关电源供电，应注意开关电源的输出电流范围需设成大于6A。

(7) 驱动器与电机的匹配

驱动器可驱动国内外各厂家的两相和四相电机。为了取得最满意的驱动效果，需要选取合理的供电电压和设定电流。供电电压的高低决定电机的高速性能，而电流设定值决定电机的输出力矩。

① 供电电压的选定。一般来说，供电电压越高，电机高速时力矩越大，越能避免高速时掉步。但另一方面，电压太高可能损坏驱动器，而且在高电压下工作时，低速运动振动较大。

② 输出电流的设定值。对于同一电机，电流设定值越大时，电机输出力矩越大，但电流大时电机和驱动器的发热也比较严重。所以一般情况是把电流设成供电机长期工作时出现温热但不过热时的数值。

a. 四线电机和六线电机高速度模式：输出电流设成等于或略小于电机额定电流值。

b. 六相电机高力矩模式：输出电流设成电机额定电流的70%。

c. 八线电机串联接法：输出电流设成电机额定电流的70%。

d. 八线电机并联接法：输出电流可设成电机额定电流的1.4倍。

注意：电流设定后应运转电机15～30min，如电机温升太高，则应降低电流设定值。如降低电流值后，电机输出力矩不够，则应改善散热条件，以保证电机及驱动器均不烫手为宜。

6.2.7 旋转编码器

通常旋转编码器用于测量转速和转角度，因具有体积小、精度高、抗干扰能力强、使用方便等一系列优点，得以广泛应用于现实工业中。旋转编码器大致可分为增量式和绝对值式编码器。

旋转增量式编码器转动时输出脉冲，通过计数设备来知道其位置。当编码器不动或停电时，依靠计数设备的内部记忆来记住位置。这样，当停电后，编码器不能有任何的移动，当来电工作时，编码器输出脉冲过程中也不能有干扰而丢失脉冲，否则，计数设备记忆的零点就会偏移，而且这种偏移的量是无从知道的，只有错误的生成结果出现后才能知道。

解决的方法是增加参考点，编码器每经过参考点，将参考位置修正进计数设备的记忆位置。在参考点以前，是不能保证位置的准确性的。为此，在工控中就有每次操作先找参考点、开机找零等方法。这样的方法对有些工控项目比较麻烦，于是就有了绝对编码器的出现。

绝对编码器的光码盘上有许多道刻线，每道刻线依次以2线、4线、8线、16线……编排，这样，在编码器的每一个位置，通过读取每道刻线的通、断，获得一组从 2^0 到 2^{n-1} 的唯一的二进制编码（格雷码），这就称为 n 位绝对编码器。这样的编码器是由码盘的机械位置决定的，它不受停电、干扰的影响。绝对编码器由机械位置决定每个位置的唯一性，它无需记忆，无需找参考点，而且不用一直计数，什么时候需要知道位置，什么时候就去读取它的位置。这样，编码器的抗干扰特性、数据的可靠性就大大提高了。

由于绝对编码器在位置定位方面明显地优于增量式编码器，已经越来越多地应用于工控定位中。测速度需要可以无限累加测量，目前增量型编码器在测速应用方面仍处于无可取代的主流位置。

注意：JL-807S 机械手中选用的是增量型旋转编码器，在此当中需利用编码器的脉冲数来定位旋转角度和开机后自动寻找零位等一系列动作。在 JL-807S 系统中，PLC 只接入了编码器 [A] 项信号，在编程中需要注意只能使用脉冲量来进行一系列定位，配合旁边的霍尔开关可以作为一个零点。

6.2.8 气源处理元件及其他附件

气源处理组件是气动控制系统中的基本组成器件，它的作用是除去压缩空气中所含的杂质及凝结水，调节并保持恒定的工作压力。该气源处理组件的气路入口处安装一个快速气路开关，用于关闭气源。在使用时，应注意经常检查过滤器中凝结水的水位，在超过最高标线以前必须排放，以免被重新吸入。

电磁阀组用于控制机械手中气动执行元件气流状况，其组成及原理见图 6-18。

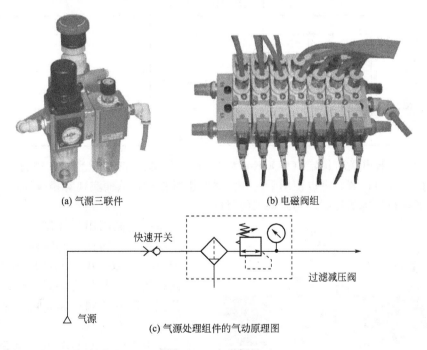

(a) 气源三联件　　(b) 电磁阀组

(c) 气源处理组件的气动原理图

图 6-18　电磁阀组

气源处理组件输入气源来自空气压缩机，所提供的压力为 0.6～1.0MPa，输出压力为 0.6～0.8MPa 可调。输出的压缩空气通过快速三通接头和气管输送到各工作单元，提供它们的工作气源。

处理组件技术参数如表 6-6 所示。

表 6-6　处理组件技术参数

型号		GFC200-06
工作介质		空气
接管口径		PT1/8
滤芯精度		标准:40μm　可选:5μm
适用压力范围	标准型	0.15～0.9MPa(20～130psi)
	低压型	0.15～0.4MPa(20～58psi)
最大可调压力	标准型	1.0MPa(145psi)
	低压型	0.5MPa(72psi)
保证耐压力		1.5MPa(215psi)
适用温度范围		5～60℃
滤水杯容量		10mL
给油杯容量		25mL
建议润滑用油		ISO VG 32 或同级用油
重量		425g
构成元件	过滤器	GFR200-06
	调压阀	GFR200-06
	给油器	GL200-06

机械阀规格如表 6-7 所示。

表 6-7　机械阀规格

规格	S3B
动作形式	外部控制
使用流体	空气(经 40μm 滤网过滤)
接管口径	M5 型:M5;06 型:PT1/8;08 型:PT1/4
使用压力	0～0.8MPa(0～8.0bar)(0～114psi)
工作温度	－5～60℃
润滑	不需要(适当润滑可提高使用寿命,建议润滑油 ISO VG 32)

电磁阀所带手控开关有锁定（LOCK）和开启（PUSH）两种位置。在进行设备调试时，使手控开关处于开启位置，可以使用手控开关对阀进行控制，从而实现对相应气路的控制，以改变冲压缸等执行机构的控制，达到调试的目的。

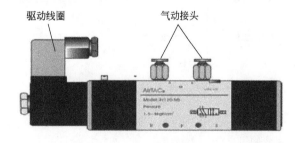

图 6-19　单控电磁阀

单向电控阀用来控制气缸单个方向运动，实现气缸的伸出、缩回运动，如图 6-19 所示。与双向电控阀的区别在于双向电控阀初始位置是任意的，可以随意控制两个位置，而单控阀初始位置是固定的，只能控制一个方向。

双电控电磁阀与单电控电磁阀的区别在于：对于单电控电磁阀，在无电控信号时，阀芯在弹簧力的作用下会被复位，而对于双电控电磁阀，在两端都无电控信号时，阀芯的位置取决于前一个电控信号。

(1) 节流阀

在气压传动系统中，有时需要控制气缸的运动速度，有时需要控制换向阀的切换时间和气动信号的传递速度,这些都需要调节空气的流量来实现。流量控制阀是通过改变阀的流通截面积来实现流量控制的元件。流量控制阀包括节流阀、单向节流阀、排气节流阀和快速排气阀等。

为了使气缸的动作平稳可靠,气缸的作用气口都安装了限出型气缸节流阀。气缸节流阀的作用是调节气缸的动作速度。节流阀上带有气管的快速接头,只要将合适外径的气管往快速接头上一插就可以将管连接好了,使用时十分方便。图 6-20 是安装了带快速接头的限出型气缸节流阀的气缸外观。

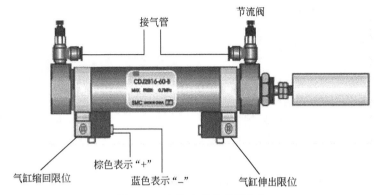

图 6-20 安装上节流阀的气缸

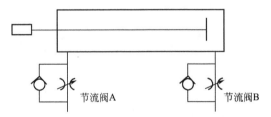

图 6-21 节流阀连接和调整原理示意

图 6-21 是一个双动气缸装有两个限出型气缸节流阀的连接和调节原理示意图。当调节节流阀 A 时,是调整气缸的伸出速度,而当调节节流阀 B 时,是调整气缸的缩回速度。

(2) 气动手爪

当手爪由单向电控阀控制时,如图 6-22 所示:当电控阀得电,手爪夹紧;当电控阀断电

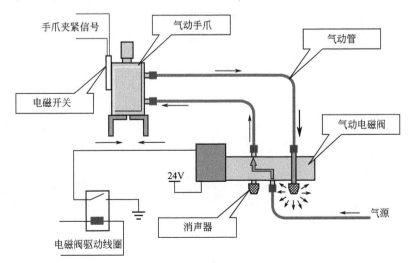

图 6-22 气动手爪运动过程

后，手爪张开。当手爪由双向电控阀控制时，手爪抓紧和松开分别由一个线圈控制，在控制过程中不允许两个线圈同时得电。

(3) 连接导线

连接导线用于控制器与外部的输入、输出元件信号以及电源连接。将前插孔插入面板对应的插座中时导通，如图 6-23 所示。

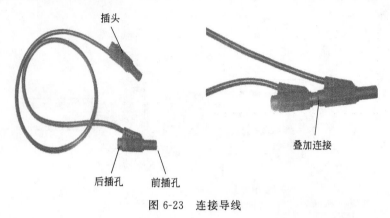

图 6-23　连接导线

第7章　实操实例

JL-807S 机械手是一个综合多种专业技术为一体的实训装置,如图 7-1 所示(各部分说明见图 6-5 说明),应对装置中涉及的技术有充分的了解,切勿盲目操作。

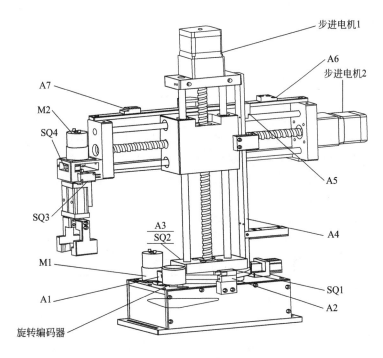

图 7-1　机械手实训装置

实训前需先充分看懂机械手整体结构与控制分布(如按钮操作面板使用、PLC 控制接口使用、元件端口使用、机械手整体结构与电器控制电路图……)。使用前需充分掌握 SIEMENS S7-200 224CNPLC 的使用硬件接线方法与软件编程应用,以及机械手中涉及的各种元件应用与接线方法。在充分了解各个部件后,在教师的指引下方可进行实验。

实验注意事项

① 实验时任何时候不允许用手或各种导电体触碰电气安装板的交流电线 L/N 接线点,以免造成人身伤害事故。

② 在连接端口时,应关闭 PLC 开关或电源开关,以防误接操作引起的事故。

③ 充分阅读各操作面板中的接线注意事项,避免在硬件接线时造成短路等一些损坏元器件的操作。

④ 一旦出现误操作立即关闭装置电源,排除故障后重新供电。

⑤ 控制时注意连接导线不要拉拽到其他的部件。

⑥ 不要将外部任何电源接入控制接口面板中。
⑦ 不要随意拆卸机械手结构中的机械零件与电路接线。

7.1 直流电机控制正反转

实训目的

充分了解 PLC 的应用，熟悉控制电机正反转内容要点，掌握控制电机正反转与安全限位技术。

实训器材

① JL-807S 机械手实训装置　　　　1 台
② 连接导线　　　　　　　　　　　多根
③ 万用表　　　　　　　　　　　　1 只

实训内容

利用 PLC 输出点，经过编写程序控制电机（M1）正反转，并利用限位开关 SQ1、SQ2 对正反转两端限位，可用行程检测 A2、A3 提前停止转动。

实训要求

编写程序与硬件接线，设定一个启动按钮和一个停止按钮。当按下启动按钮后，电机带动手向右旋转，在向右旋转过程中 A2 信号有跳变，停止向右转动，开始向左旋转。向左旋转时 A3 信号有跳变，停止向左转动，再次向右旋转，来回循环直至按下停止按钮，电机停止一切运转。

主手架电机 M1 接线图如图 7-2 所示。

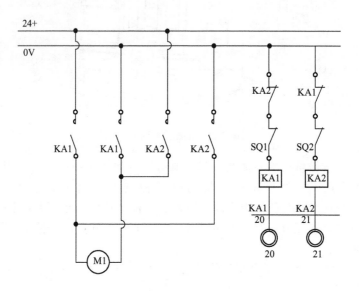

图 7-2　主手架电机 M1 接线图

实训步骤

① 了解实验台整体结构与执行/驱动分布。
② 对照机械手整体图找到元件 SQ1、SQ2、A2、A3、M1 在机械手中的各自位置及在整个过程中各发挥着何种作用。

③ 看懂电机 M1 控制电路图和 A2、A3 信号端接口（对照电路图/或在实验台中寻找标号）。
④ 定义需编写程序输入/出的 I/O 分配表。
⑤ 编写控制程序并下载入 PLC。
⑥ 按照所编写程序将 PLC I/O 端与元件接口用连接导线相连接。
⑦ 核对接线正确后，打开 PLC 电源，并将 PLC 设为 RNU 状态进行调试。

控制器 I/O 分配表

注 释	输入点 I	注 释	输出点 Q
启动按钮	I0.0	M1 电机正转	Q0.0
停止按钮	I0.1	M1 电机反转	Q0.1
SQ2	I0.2		
SQ1	I0.3		
A3	I0.4		
A2	I0.5		

7.2　气动手爪来回旋转

实训目的

充分了解 PLC 应用，熟悉控制电机正反转内容要点，掌握控制电机正反转与安全限位技术。

实训器材

① JL-807S 机械手实训装置　　　　　1 台
② 连接导线　　　　　　　　　　　　多根
③ 万用表　　　　　　　　　　　　　1 只

实训内容

利用 PLC 输出点，经过编写程序控制电机（M2）正反转，并利用限位开关 SQ3、SQ4 对正反转两端限位急停。

实训要求

编写程序与硬件接线，设定一个向左转按钮和一个向右转按钮。在程序中，按下向右按钮手爪，开始向右旋转，直到碰触 SQ3 停止向右转动。在向右旋转过程中向左旋转按钮失效。当手爪转至最右边并停止后，按下左转按钮手爪开始向左旋转，直至碰触 SQ4 停止向左转动，同样在向左旋转过程中向右旋转按钮失效。在手爪停止且没有碰触到 SQ3/SQ4 中任何一个开关时，可按右/左按钮启动旋转。按下启动后，绿灯闪烁；闪烁频率为 0.5Hz。左转绿灯亮，右转红灯亮；停止后，红灯闪烁；闪烁频率为 0.5Hz。
手爪电机 M2 控制接线图如图 7-3 所示。

实训步骤

① 了解实验台整体结构与执行/驱动分布。
② 对照机械手整体图找到元件 SQ3、SQ4、M2 在机械手中的各自位置并清楚其在整个过程中各发挥着何种作用。
③ 看懂电机 M2 控制电路图 SQ3、SQ4 信号端接口（对照电路图/或在实验台中寻找标号）。
④ 定义需编写程序输入/出的 I/O 分配表。

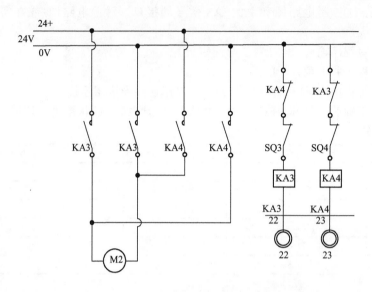

图 7-3 手爪电机 M2 控制接线图

⑤ 编写控制程序并下载入 PLC。
⑥ 按照所编写程序,将 PLC I/O 端与元件接口用连接导线相连接。
⑦ 核对接线正确后,打开 PLC 电源,并将 PLC 设为 RNU 状态,进行调试。

控制器 I/O 分配表

输入		注释	输出	注释	
I0.0	SB1	启动按钮	Q0.0	左转	KM3
I0.1	SB2	停止按钮	Q0.1	右转	KM4
I0.2	SB3	左转按钮	Q0.2	红灯	HL1
I0.3	SB4	右转按钮	Q0.3	绿灯	HL2
I0.4	SQ4	左转限位			
I0.5	SQ3	右转限位			

7.3 步进电机控制应用

实训目的

充分了解 PLC 脉冲输出应用,熟悉应用 PLC 输出高速脉冲控制步进电机速度、方向及旋转量。

实训器材

① JL-807S 机械手实训装置　　　　1 台
② 连接导线　　　　　　　　　　　多根
③ 万用表　　　　　　　　　　　　1 只

实训内容

利用 PLC 输出高速脉冲,经过编写程序控制步进电机 2 驱动手臂前后升缩,并利用限位检测开关 A6、A7 对两端限停止。

实训要求

编写程序与硬件接线,设定一个启动按钮和一个停止按钮。在程序中初次上电按下启动按钮,电机 PLC 输出频率 3000Hz、数量 20000 脉的脉冲串,脉冲控制步进电机驱动手臂向前或向后移动,按下停止按钮后停止输出脉冲。

按下启动后,绿灯闪烁,闪烁频率为 0.5Hz。左转绿灯亮,右转红灯亮;停止后,红灯闪烁;闪烁频率为 0.5Hz。

步进电机控制时读懂步机驱动器使用与说明,设定好电机驱动电流、细分数等参数,如图 7-4 所示。

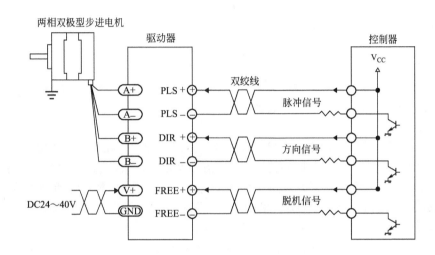

图 7-4 步进电机控制接线图

注意事项

① 在实验过程中可能出现程序错误,导致手臂伸出或缩回到极限位置后,电机仍然没有停止。这时需要马上关闭系统电源,并经手旋动丝杆将手臂复位到限位开关范围之内,调整程序,重新开机。

② 实验时,如果不确定程序是否正确,先不要将 PLC 输出口连接线与执行器连接,可以通过观察电气安装板中 PLC 输出灯 Q0.0 与 Q0.2 输出状况,看是否与程序设置相吻合,基本吻合后再连接执行器进行调试程序。

控制器 I/O 分配表

输入		注释	输出		注释
I0.0	SB1	上按钮	Q0.0	1PLS	下降
I0.1	SB2	下按钮	Q0.2	1DIR	上升
I0.2	SB3	前按钮	Q0.1	2PLS	前进
I0.3	SB4	后按钮	Q0.3	2DIR	后退
I0.4	A5	上限位	Q0.4	红灯	HL1
I0.5	A4	下限位	Q0.5	绿灯	HL2
I0.6	A7	前限位			
I0.7	A6	后限位			
I1.0	SB5	启动			
I1.1	SB6	停止			

7.4 旋转编码器角度控制应用

实训目的

充分了解 PLC 高速计数器应用，熟悉应用高分辨率光栅检测反馈仪器对位移量的控制应用。

实训器材

① JL-807S 机械手实训装置　　　　1 台
② 连接导线　　　　　　　　　　　多根
③ 万用表　　　　　　　　　　　　1 只

实训内容

利用增量型旋转编码器对机械手左/右旋转角度进行反馈，通过驱动电机（M1）带动手底座在 A2～A3 区间旋转，对每一次旋转的角度进行控制。

实训要求

编写程序与硬件接线，设定一个启动按钮和一个复位按钮。在程序中初次上电按下复位按钮，PLC 输出驱动底座向 A2 方向旋转至 A1 有信号停止，并认定 A1 开关为旋转手零点信号，在零点位置上按下启动按钮，手底座旋转 90°后停止，再按复位按钮底座重新回到零位（角度由编码器反馈，JL-807S 中采用的是 1024P/r，即每旋转 360°发出 1024 个脉冲）。

实训关联

① 充分了解编码器应用说明（查看 5.2.7 旋转编码器）。
② 充分了解应用 PLC 内部高数计数器应用指令使用方法（查看 PLC 编程手册）。
③ 完成 7.1 后再进行本项目。

控制器 I/O 分配表

注　释	输入点 I	注　释	输出点 Q
编码器信号 A	I0.0	M1 正转	Q0.2
启动按钮	I0.1	M1 反转	Q0.3
复位按钮	I0.2		
A1	I0.3		
A2	I0.4		
A3	I0.5		

7.5 机械手上电回零操作

实训目的

初步了解 PLC 控制器在工业现场中初次上电复位，使控制器与执行部件进入就绪状态。

实训器材

① JL-807S 机械手实训装置　　　　1 台
② 连接导线　　　　　　　　　　　多根
③ 万用表　　　　　　　　　　　　1 只

实训内容

对机械手各个轴进行每次上电自动复位控制程序编写与硬件接线。

实训要求

设定一个 PLC 自动运行按钮和一个急停按钮。在每次上电后,将 PLC 开关置为 RUN,机械手的上下轴先开始向上移到 A5 位置,停止向上并开始令手底座向左转动到 A1 位停止,同时机械手伸缩轴向 A6 方向移动至 A6 位停止,然后手爪转动到 SQ3 位置,完成动作。

实训关联

需认真做过实训 7.1～7.4,充分了解 JL-807S 机械手各部件性能后再进行该实验。

控制器 I/O 分配表

注 释	输入点 I	注 释	输出点 Q
编码器脉冲 A	I0.0	步进电机二脉冲	Q0.0
A1	I0.1	步进电机一脉冲	Q0.1
A3	I0.2	步进电机二方向	Q0.2
A2	I0.3	步进电机一方向	Q0.3
SQ2	I0.4	中间继电器 KA1	Q0.4
SQ1	I0.5	中间继电器 KA2	Q0.5
A4	I0.6	中间继电器 KA3	Q0.6
A5	I0.7	中间继电器 KA4	Q0.7
A6	I1.0		
A7	I1.1		
SQ3	I1.2		
SQ4	I1.3		
启动按钮	I1.4		
停止按钮	I1.5		

7.6 机械手抓/放料控制操作

实训目的

了解用 PLC 控制 JL-807S 机械手前往抓料及旋转放料的软件编程与硬件接线,充分了解工业现场控制流程。

实训器材

① JL-807S 机械手实训装置　　　　1 台
② 连接导线　　　　　　　　　　　多根
③ 万用表　　　　　　　　　　　　1 只

实训内容

利用 JL-807S 机械手的多轴联动功能,精确地定位到物料台抓取料块,并将物料取出及搬运到指定地点。

实训要求

设定在机械手 PLC 上电进入 RUN 状态后,旋转底座转动到 A1 位置,上下轴移动到 A5 位置,伸缩轴移动到 A6 位置,手爪转入到 SQ3 位置,气动手爪处于放开状态(即各轴复位至零点)。设定放料台中开关为物料检测开关,当检测到有物料放入物料台后,机械手臂伸出、下降到物料台位置夹取物料后,升起向右旋转指定角度后,机械手臂伸出、下降放开物料即完成动作。

实训关联

需认真做过实训 7.1～7.5，充分了解 JL-807S 机械手各部件性能后再进行该实验。

控制器 I/O 分配表

注　释	输入点 I	注　释	输出点 Q
编码器脉冲 A	I0.0	步进电机二脉冲	Q0.0
A1	I0.1	步进电机一脉冲	Q0.1
A3	I0.2	步进电机二方向	Q0.2
A2	I0.3	步进电机一方向	Q0.3
SQ2	I0.4	中间继电器 KA1	Q0.4
SQ1	I0.5	中间继电器 KA2	Q0.5
A4	I0.6	电磁阀 F2	Q0.6
A5	I0.7	中间继电器 KA3	Q0.7
A6	I1.0	中间继电器 KA4	Q1.0
A7	I1.1	电磁阀 F1	Q1.1
SQ3	I1.2		
SQ4	I1.3		
启动按钮	I1.4		
停止按钮	I1.5		

参 考 文 献

[1] 王建明. 自动线与工业机械手技术. 天津：天津大学，2009.

[2] 丁加军，盛靖琪. 自动机与自动线［M］. 北京：机械工业出版社，2011.

[3] 成大先. 机械设计手册［M］，第五版. 北京：化学工业出版社，2011.

[4] 张玫. 机器人技术［M］. 北京：机械工业出版社，2011.

[5] 刘昌祺. 自动机械凸轮机构实用设计手册［M］. 北京：科学出版社，2013.

[6] 程晨. 自律型机器人制作入门［M］. 北京：北京航空航天大学出版社，2013.

[7] 郭洪红. 工业机器人技术［M］. 北京：机械工业出版社，2012.

[8] 肖南峰等. 工业机器人［M］. 北京：机械工业出版社，2011.